Andrea Lienhart
RESPEKT IM JOB

ANDREA LIENHART

RESPEKT
IM JOB

Strategien für
eine andere
Unternehmens-
kultur

Mit einem Vorwort von Götz W. Werner

KÖSEL

Auf ein Wort ...

Sprache ist ein Mittel der Lenkung von Aufmerksamkeit. Daher ist es mir wichtig, dass im Text sowohl weibliche wie männliche Sprachformen auftauchen. Andererseits soll das Buch auch flüssig zu lesen sein. Deshalb erwähne ich nicht in jedem einzelnen Fall die weibliche und die männliche Wortform. Sie können jedoch sicher sein, liebe Leser und Leserinnen, dass sich jeder Absatz meines Buches auf Männer *und* Frauen bezieht.

Verlagsgruppe Random House FSC-DEU-0100
Das für dieses Buch verwendete FSC®-zertifizierte Papier
Classic 95 liefert Stora Enso, Finnland.

Copyright © 2011 Kösel-Verlag, München,
in der Verlagsgruppe Random House GmbH
Umschlag: Monika Neuser, München
Umschlagmotiv: Oojo Images/F1 online
Redaktion: Silke Uhlemann, München
Druck und Bindung: GGP Media GmbH, Pößneck
Printed in Germany
ISBN 978-3-466-30887-3

www.koesel.de

Für

URSA PAUL

Inhaltsverzeichnis

Vorwort von Götz W. Werner 9

Einleitung 11

Respekt im Job: Bestandsaufnahme 15

TEIL I   Respekt sich selbst gegenüber 25
Aus der Praxis: Sechs Stufen zu mehr Respekt vor sich selbst   30
   1. Nehmen Sie sich Zeit für sich   30
   2. Respekt vor den eigenen Bedürfnissen   33
   3. Respektvoller Umgang mit den eigenen Stärken   39
   4. Schwächen respektieren?   45
   5. Das große »JA« zu sich selbst   51
   6. Ihr persönlicher Entwicklungsplan   53

TEIL II   Respekt anderen gegenüber 55
Gelassenheit und Akzeptanz im Umgang mit anderen:
Grundvoraussetzungen 59
Aus der Praxis: Sechs Stufen zum gegenseitigen Respekt   65
   1. Auf der Suche nach dem verloren gegangenen Respekt   65
   2. Mal eine andere Brille aufsetzen – die Kunst des
      Perspektivenwechsels   70
   3. Chancen erkennen: Vom Denken in Möglichkeiten   74
   4. Auf den anderen zugehen: Machen Sie Geschenke   81
   5. Mit dem richtigen Ton Respekt bekunden   90
   6. Den respektvollen Dialog suchen   95

Härtefälle 97
   1. Wenn Sie einen Kollegen einfach nicht respektieren
      können   97
   2. Wenn ich selbst nicht respektiert werde   104

TEIL III   Führen mit Respekt 113

Sich selbst mit Respekt führen 115
Möglichkeiten, um andere respektvoll zu führen 123
   1. Integrität   123
   2. Unternehmenskultur leben   128
   3. Balance zwischen Stabilität und Instabilität   131
   4. Stärken stärken   133
   5. Vertrauen ist gut – oder ist Kontrolle besser?   139
   6. Lob und Kritik – Zeichen von Respekt   142
   7. In Beziehung gehen   147

Erfolgsfaktoren für eine respektvolle
   Unternehmenskultur 151

Nachwort 163

Danksagung 165

Anmerkungen 167

Literatur und Webadressen 169

Vorwort

Als ich jung war, meinte ich, ich stünde auf meinen eigenen Füßen. Je älter ich werde, desto bewusster erlebe ich, dass ich auf den Schultern der Gemeinschaft stehe. Ohne die Leistungen all der Generationen zuvor – ohne das Wissen und die Methoden, die uns unsere Vorfahren mitgegeben haben – und ohne die Leistungen meiner Mitmenschen ist mein Beitrag zur Gemeinschaft nicht möglich. Arbeit findet gemeinsam mit anderen für andere statt.

Und zeitgleich kann ich von dem, was ich selbst hervorbringe, nicht leben. Ich bin darauf angewiesen, dass eine Vielzahl von Menschen auf der ganzen Welt aktiv ist, damit ich eine Tasse Kaffee trinken kann. Wir leben heute in einer faktischen Fremdversorgung.

In dieser Situation, in der Arbeit stets mit anderen für andere geleistet wird, müssen zwei Dinge zusammenkommen, dass meine Arbeit Sinn hat.

Erstens muss ich bereit sein, mich mit ihr verbinden zu wollen, die Aufgaben müssen für mich sinnvoll sein. Jeder Mensch sollte die Aufgaben ergreifen, bei denen er sich authentisch erlebt, denn seine Arbeit ermöglicht ihm, sich zu entwickeln, seine eigene Lebensbiografie zu gestalten.

Zweitens, und genauso wichtig für meine Arbeit ist, dass sie meine Kunden – und schon mein nächster Kollege ist mein bester Kunde – als sinnvoll erkennen, denn ich arbeite darauf hin, dass ich Wertschätzung und Respekt erfahre. Die Gewissheit darum, dass meine Kunden meine Arbeit würdigen, gibt meiner Arbeit Sinn und trägt dazu bei, dass ich meine Arbeit noch besser machen möchte. Respekt begünstigt die Fähigkeit zur Selbstmotivation.

Heutzutage leiden wir an einer gesellschaftlichen Realität, in der wir vieles gering schätzen, was andere für uns leisten. Ein Ausdruck dieser Geisteshaltung ist, dass Manager Menschen im Unternehmen als Kostenfaktor sehen. Das ist ein Denkirrtum, denn die Beteiligten einer Arbeitsgemeinschaft bringen das Ergebnis hervor.

Ohne diese Erkenntnis hätte sich *dm-drogerie markt* nicht so konstant und positiv entwickeln können, denn eine Arbeitsgemeinschaft funktioniert umso besser, je mehr die Leistungen jedes einzelnen Beteiligten wertgeschätzt und respektiert werden.

Unser gesellschaftliches Bewusstsein der Notwendigkeit von Respekt, damit die Mitmenschen ihre Arbeit als sinnvoll erleben, gilt es zu befeuern. Die Lektüre dieses Buchs leistet einen wertvollen Beitrag, um jedem Interessierten die zahlreichen Facetten und unterschiedlichen Annäherungen an dieses Thema zu eröffnen. Sowohl der erste notwendige Schritt, der stets bei einem selbst beginnt, als auch der folgende, der die Mitmenschen einschließt – sei es im alltäglichen Miteinander, sei es als Führungskraft –, werden anschaulich dargestellt.

Dieses Buch möchte ich jedem nahelegen, um die neue gesellschaftliche Realität – dass wir an zu viel Geringschätzung leiden – mit dem Denken und dem Herzen erfassen zu können.

Prof. Götz W. Werner
Gründer und Aufsichtsrat von dm-drogerie markt

Einleitung

Respekt wünschen sich alle. Kein Wunder! Denn nur in einer Atmosphäre gegenseitiger Wertschätzung macht der Job Freude und wird zur Quelle von Zufriedenheit und Glück. Die Frage ist bloß: Wie gelingt das?

In meiner Arbeit begleite ich seit vielen Jahren Menschen, die sich weiterentwickeln wollen. Diese Menschen kommen aus allen möglichen Branchen zu mir und stehen vor den unterschiedlichsten Herausforderungen. Es sind Führungskräfte, Angestellte, Selbstständige. So unterschiedlich die Lebenswelten der Menschen sind, die sich an mich wenden, so ähnlich sind die Fragen, die sie alle immer wieder herausfordern und beschäftigen. Das Thema »Respekt« spielt hierbei eine zentrale Rolle, es ist Dreh- und Angelpunkt für Zufriedenheit und Erfolg im Beruf.

Denn wer wünscht sich nicht, von seinen Mitmenschen respektiert und geachtet zu werden? Wer möchte nicht im Job rücksichtsvoll behandelt werden und Anerkennung erfahren? Ob es sich nun um die Zusammenarbeit mit Mitarbeiterinnen und Mitarbeitern, Führungskräften, Kolleginnen oder Kunden handelt – hinter einer Vielzahl von

Schwierigkeiten im beruflichen Miteinander steckt ursächlich oft ein Mangel an gegenseitigem Respekt.

Um die Bedeutung von Respekt zu *wissen* ist eine Sache. Ihn im beruflichen Alltag zu *praktizieren* und zur Lebenswirklichkeit werden zu lassen eine andere – und schon schwerer! Ich habe dieses Buch geschrieben, um genau dabei Hilfestellung zu leisten. Es zieht die Summe aus meiner jahrzehntelangen Erfahrung mit dem Thema.

Vielen Menschen mangelt es bereits am Respekt sich selbst gegenüber. Sie wissen nicht, wie sie mit ihren Schwächen umgehen sollen oder wie sie ihre Stärken optimal nutzen können ... Oder sie wissen nicht *wohin* mit ihren verschiedenen – manchmal höchst widersprüchlichen – Bedürfnissen. Diese Menschen möchte ich im ersten Teil meines Buches dabei unterstützen, ein großes »respektables« JA zu sich selber zu finden.

Der zweite Teil behandelt den Respekt, den wir vor anderen empfinden oder von anderen erhalten. Viele Menschen wissen nicht, wie sie mit ihren Kolleginnen und Kollegen angemessen umgehen sollen; sie fühlen sich im Berufsleben nicht ernst genommen. Für sie ist dieses zweite Kapitel geschrieben worden. Es führt in die Kunst des Perspektivenwechsels ein, in das Denken in Möglichkeiten; es zeigt auf, wie man am besten mit unangenehmen Gefühlen umgeht, sich mit dem richtigen Ton Respekt verschafft oder Konflikte realistisch behandelt – Schritt für Schritt.

Der dritte Teil wendet sich an die Chefetagen: Denn für Führungskräfte gelten beim Thema Respekt noch einmal besondere Regeln. Wenn Sie eine Führungskraft sind, stehen Sie vor der doppelten Herausforderung, sich selbst den Respekt Ihrer Mitarbeiter zu verschaffen und zugleich innerhalb der Abteilung oder des Teams, das Sie führen, den wechselseitigen Respekt hochzuhalten. Wie Ihnen das gelingt – das erfahren Sie hier!

Für Unternehmen hat das Thema »Respekt« über den ethischen Aspekt hinaus auch eine handfeste wirtschaftliche Bedeutung. Aktuelle Untersuchungen belegen: Wo Respekt gelebt wird, geht es allen Beteiligten gut. Nicht nur, was das Betriebsklima betrifft, sondern durchaus auch, was den Jahresumsatz anlangt. Respekt ist Gold wert – im buchstäblichen Sinn! Deshalb folgt im dritten Teil des Buches unter dem Stichwort »Erfolgsfaktoren« eine Menge Hinweise darauf, wie Respekt im Unternehmen gefördert und gelebt werden kann.

Da ich in meiner Arbeit dem Thema »Respekt« immer wieder begegne, sei es in Seminaren, im Coaching oder bei Teamentwicklungsprozessen, wollte ich kein theoretisches Buch schreiben. Im Gegenteil: Mir war es wichtig, das Thema »Respekt« konkret und praxisnah zu bearbeiten. Die besten Überlegungen und Einsichten nutzen nichts, wenn wir sie nicht ins Handeln übersetzen. Darum finden Sie in meinem Buch eine Fülle von eingängigen, leicht umzusetzenden und auch humorvollen Beispielen und Übungen. Sie haben sich in meiner Praxis allesamt unzählige Male bewährt.

Es gibt unzählige Wege, Respekt zu leben. Ich lade Sie ein, Ihren ganz persönlichen Weg zu finden!

Ihre Andrea Lienhart

Respekt im Job: Bestandsaufnahme

Vielleicht haben Sie dieses Buch in erster Linie zur Hand genommen, weil Sie sich eine Antwort auf die Frage erwarten, wie Sie sich mehr Respekt im Job verschaffen können. »Er respektiert mich einfach nicht!« oder »Der sollte sich nur *ein* Mal in meine Situation hineinversetzen!« oder »Unmöglich, wie meine Chefin mit mir umgeht! Was glaubt die eigentlich ...!«, sind das Aussagen, die auch von Ihnen stammen könnten?

Womöglich sind Sie in Ihrer Arbeitsgruppe die Zielscheibe von Spott oder herabsetzenden Bemerkungen? Haben Ihre Kollegen es auf Sie »abgesehen«? Oder Sie denken sich zuweilen: »Ach, wenn ich meine Vorgesetzte oder meinen Bürokollegen oder diesen speziellen, sehr schwierigen Kunden bloß ein klitzekleines bisschen verändern könnte – wie leicht und angenehm wäre dann die Zusammenarbeit!«

Vielleicht halten Sie dieses Buch aber auch in den Händen, weil Respekt auf Ihrer persönlichen Werteskala schon lange ganz oben steht und Sie sich Anregungen wünschen, wie Sie ihn noch stärker an Ihrem Arbeitsplatz bzw. in Ihrem Unternehmen umsetzen können – als Mitarbeiter oder als Führungskraft.

Wie auch immer: Wir alle wissen sehr genau, wie gut es sich anfühlt, respektiert zu werden. Es gibt kaum einen anderen Wert, der so breite Zustimmung erfährt wie Respekt. Sei es zwischen Vorgesetzten und Mitarbeitern, zwischen Kolleginnen und Kollegen, zwischen Männern und Frauen, zwischen Jüngeren und Älteren, zwischen verschiedenen Abteilungen, zwischen Mitarbeitern und Kunden, zwischen Innen- und Außendienst, zwischen Verkäufern und Käufern ...

Mitarbeiter wünschen sich Respekt

Wussten Sie, dass ein Vorgesetzter, der seinen Mitarbeitern mit Respekt begegnet, weltweit ganz oben auf der Wunschliste an einen idealen Arbeitsplatz steht? Dieser Wunsch wird einzig von dem Wunsch übertroffen, einer möglichst interessanten Arbeit nachgehen zu können – rangiert jedoch deutlich vor Faktoren wie »Bezahlung«, »Arbeitsplatzsicherheit«, »Aufstiegsmöglichkeiten« oder »Freizeit«. Doch respektvolle Chefs sind rar: In einer weiteren Umfrage sollten die Mitarbeiterinnen und Mitarbeiter nämlich ihre *reale* Arbeitsplatzsituation beurteilen – und da zeigte es sich, dass Vorgesetzte ihre Wertschätzung eher selten ausdrücken.[1]

Eine Befragung durch das internationale Beratungsunternehmen *Mercer* in 22 Staaten belegt die hohe Einschätzung des am Arbeitsplatz erfahrenen Respekts weit über Deutschland und Europa hinaus. Global betrachtet, ist Respekt einer der wichtigsten Faktoren überhaupt für das Engagement der Mitarbeiter in ihrem Job.

Ein Mangel an Respekt macht krank

»Ein Mangel an Wertschätzung macht krank«, sagt der Neurobiologe Joachim Bauer, der die Bedeutung von Anerkennung und Wertschätzung für die Gesundheit und Leistungskraft von Mitarbeitern untersucht hat. »Wir Menschen sind aus neurobiologischer Sicht auf soziale Resonanz und Kooperation angelegte Wesen. Es ist der Kern aller menschlichen Motivation, zwischenmenschliche Anerkennung, Wertschätzung und Zuwendung zu finden und zu geben.«[2]

Fehlender Respekt kostet richtig viel Geld: Im Auftrag des Bundesministeriums für Arbeit und Soziales hat das Kölner Institut *Great Place to work* eine Untersuchung unter 37.000 Mitarbeitern aus 314 Unternehmen durchgeführt. Ergebnis: Nur 36 Prozent der Beschäftigten fühlten sich an ihrem Arbeitsplatz anerkannt; die Befragten litten unter Angst um den Job, unter unfairer Bezahlung und mangelndem Respekt. Das hat Auswirkung auf die Motivation, auf die Krankentage, auf das Interesse der Mitarbeiter, im Unternehmen zu bleiben.

Auch andere Forschungsarbeiten – etwa am Institut für medizinische Soziologie am Universitätsklinikum Düsseldorf unter der Leitung von Professor Johannes Siegrist – stellen einen unmittelbaren Zusammenhang zwischen Respektlosigkeit am Arbeitsplatz und körperlichem wie geistigem Leistungsabfall fest.

Eine Untersuchung des *Thinktanks Level Playing Field Institute* in San Francisco beziffert den wirtschaftlichen Schaden, den qualifizierte Arbeitskräfte verursachen, die kündigen und als Kündigungsgrund »Unfairness« angeben, auf 64 Milliarden Dollar. Allein in den Vereinigten Staaten! Randgruppen wie Schwarze oder Homosexuelle verlassen im Vergleich zu den übrigen Mitarbeitern nach derselben Studie zwei- bis dreimal so häufig ein Unternehmen aus Mangel an entgegengebrachtem Respekt als die übrigen Mitarbeiter.[3]

Die gute Nachricht: Ethik und Rendite lassen sich gleichzeitig verwirklichen

Auf der anderen Seite: Wo Respekt gelebt wird, arbeiten Unternehmen effizienter und erfolgreicher. Dort sind die Mitarbeiter weniger krank, kündigen seltener und zeigen mehr Eigeninitiative; Betriebsklima und Kundenbindung sind besser.

Eine Studie der Bonner Unternehmensberatung *Deep White* und dem *MCM Institute* der Universität St. Gallen kommt zu dem Ergebnis: »Die Arbeitswelt in deutschen Unternehmen ist insgesamt durch ›harte Werte‹ wie Macht, Verantwortung und Hierarchie geprägt. Zu viel Routine, Führung mit Angst oder eine schlechte Streitkultur haben aber einen nachgewiesenen, negativen Einfluss auf die Leistungsfähigkeit der Mitarbeiter und damit auf den Geschäftserfolg. (...) Der geschäftliche Erfolg ist abhängig von der Wertekultur. Ein Viertel des Erfolgs von Unternehmen kann mit der gelebten Wertekultur am Arbeitsplatz erklärt werden.«[4]

»Wie man in den Wald hineinruft, so schallt es zurück.« Wohl wahr! Denn eine Führungskraft, die ihre Mitarbeiter respektiert, erfährt automatisch ebenfalls mehr Respekt von diesen. Diese Führungskraft hat eine positivere Ausstrahlung, kann besser motivieren und wird im Endeffekt mehr Erfolg haben als jemand, der es an Respekt fehlen lässt. Respektvolles Handeln und wirtschaftlicher Erfolg widersprechen einander nicht.

Im Alltag herrschen zwar meist noch die alten Grundsätze, nach denen Gewinn und Marktanteil alles sind. Natürlich ist es notwendig, die Arbeitsresultate im Auge zu behalten. Doch inzwischen ist klar: Das ist nicht die ganze Wahrheit. Untersuchungen belegen, dass Ethik und Rendite sich gleichzeitig verwirklichen lassen. Ja, mehr noch: Wertschätzung und Wertschöpfung bedingen einander. Sie gehen Hand in Hand!

Respekt: Versuch einer Definition

Was hat es mit dem Respekt eigentlich genau auf sich? Was ruft ihn hervor? Wie drückt er sich aus? Wie wird er definiert?

Bevor Sie weiterlesen, beantworten Sie einfach einmal für sich selbst die nachfolgenden Fragen:

Wie denken Sie über Respekt?
- ➩ Was bedeutet für Sie Respekt?
- ➩ Wo erleben Sie in Ihrem Alltag Respekt ganz konkret?
- ➩ Wofür wollen Sie an Ihrem Arbeitsplatz respektiert werden?

Mit dem Respekt verhält es sich ein bisschen wie mit der Liebe: Vom Gefühl her weiß jeder sofort, was damit gemeint ist – doch eine eindeutige Definition zu finden, fällt schwer. Es gibt Respekt, der sich gewissermaßen auf Augenhöhe vollzieht, beispielsweise zwischen Arbeitskollegen. Doch auch der Führungskraft bringen wir Respekt entgegen – besonders, wenn wir ihre Kompetenz spüren. Andererseits erwarten wir ebenso, dass die Führungskraft uns ihrerseits mit Respekt behandelt. Für Mangel an Respekt, für Respektlosigkeit, haben wir alle eine feine Antenne. Eltern erwarten Respekt von ihren Kindern – und Kinder können durch Beobachtung ihrer Eltern und Bezugspersonen lernen, was respektvoller Umgang miteinander bedeutet. Alle wissen, was eine »Respektsperson« ist – denn von Respekt sprechen wir häufig auch im Zusammenhang mit Autoritäten und älteren Menschen. Respekt lässt sich durchaus erzwingen, er kann aus Angst gespeist sein: Herrscher fordern ihn gebieterisch von ihren Untertanen, Staaten möchten, dass man ihre Symbole respektiert, und sanktionieren Respektlosigkeiten auf diesem Gebiet. Respekt muss sich nicht notwendigerweise auf andere Menschen beziehen: Vor großen Kunstwerken können wir ebenso Respekt empfinden wie vor der Stille einer Kirche oder vor der Herrlichkeit der Natur ... Nicht zuletzt spielt der Respekt, den wir unserer eigenen Person entgegenbringen, für unser Selbstgefühl eine entscheidende Rolle: Denn dass ein Leben unter dem Siegel der Selbstwertschätzung anders verläuft als unter dem der Selbstverachtung, leuchtet ein.

Worauf sich die Respektbekundungen jeweils richten – das hat sich über die Zeiten hinweg gewandelt. Wenn wir alte Filme anschauen, amüsieren wir uns manchmal: Wer da alles früher als »Respektsperson« galt! Der *Generation Internet* ist heute beinahe das gesamte Wissen der Welt durch wenige Mausklicks abrufbar. Kein Wunder, dass da der Respekt vor Titeln oder vor Experten schwindet ... Und doch spricht der Soziologe Bernhard Bauhofer von der »neuen Sehnsucht nach Respekt im 21. Jahrhundert«. Persönlichkeiten, die authentisch, kompetent und erfolgreich sind, werden nach wie vor respektiert und bieten Orientierung. Wie andere Werte – Ehrlichkeit, Fairness, Höflichkeit, Gerechtigkeit, Verantwortungsbewusstsein – erfährt auch der Respekt in unserer Zeit eine Renaissance.

Was ist das also – Respekt? Ein Begriff, der viele Facetten umfasst, so viel ist sicher. Den Psychologen und Philosophen ist es bisher noch nicht gelungen, eine allgemein anerkannte Definition zu finden.

Sprachgeschichtlich hat »Respekt« mit Schauen und Sehen zu tun. Das Wort geht auf den lateinischen Ausdruck *respectus* zurück und auf das Verb *respicere* – beides ursprünglich Ausdrücke für das Zurückblicken. Im Deutschen haben wir in dem Wort »Rücksicht« eine ganz wörtliche Entsprechung – ein Ausdruck, der seinerseits in das Begriffsfeld »Respekt« hineingehört. Denn wer Rücksicht nimmt, erweist anderen Menschen Respekt.

Respekt ist nicht gleich Respekt

»Respekt ist das, was man jemandem entgegenbringt, einfach weil er ein Mensch ist«, schreibt der Benediktinerpater Mauritius Wilde in seinem Buch über Respekt und Wertschätzung. Doch Respekt ist nicht gleich Respekt. Das Wort »Respekt« kann Verschiedenes ausdrücken:

- Eine Haltung, die sich darin zeigt, einen anderen Menschen zu (be)achten – unabhängig von Herkunft, Aussehen, Religion, Status etc.
- Die Rücksichtnahme gegenüber anderen Menschen, gegenüber ihren Bedürfnissen und Verletzlichkeiten
- Der Ausdruck einer angemessenen Distanz in einer Beziehung: »Hier bin ich, dort bist du.«
- Bei gleichberechtigten Partnern: die wechselseitige Wertschätzung auf gleicher Augenhöhe
- Die Anerkennung einer besonderen Leistung.

Respekt *kann* an herausragende Leistungen gekoppelt sein – *muss* es aber keinesfalls. Denn Respekt steht allen Menschen zu – einfach, weil sie da sind. Niemand muss etwas »Besonderes« vorweisen können, niemand muss zuerst irgendwelchen Erwartungen entsprechen, um Anspruch auf respektvolle Behandlung zu haben. Respekt ist so nötig wie die Luft, die wir atmen – und er sollte auch so selbstverständlich sein.

Eine persönliche Erinnerung

Ich erinnere mich noch sehr genau an eine Situation, in der ich als junge Schülerin Respekt erlebt habe. Es war der Tag, an dem mir mein Klassenlehrer mitteilte, dass ich nicht versetzt werden würde. Sicherlich können Sie sich vorstellen, wie mulmig mir damals war, als ich »zum Gespräch« gebeten wurde ... Was mein Lehrer seinerzeit wörtlich zu mir sagte, weiß ich nicht mehr. Doch bis heute spüre ich noch die Freundlichkeit und Zuwendung, mit der er mir die unangenehme Botschaft übermittelte. Er gab mir zu verstehen: »Andrea, ich mag dich und schätze dich sehr. Es tut mir leid, dass du dein Klassenziel nicht erreicht hast, und ich unterstütze dich gerne, damit sich deine Leistungen in Zukunft wieder verbessern.«

Was habe ich als Schülerin (ich war damals ungefähr zehn Jahre alt) in dieser Situation gelernt? Ich habe gespürt, dass mein Lehrer mich trotz einiger schlechter Zensuren als Person achtete. Meine Leistungen waren das eine – sie waren der Grund, warum er mich nicht versetzen konnte. Doch zugleich hat er mir vermittelt, dass meine Leistungen nichts an dem Respekt änderten, den er mir als Mensch entgegenbrachte. Bis heute habe ich einen guten Kontakt zu diesem Lehrer, der jetzt dabei ist, seinen Ruhestand vorzubereiten.

Von Bewertung und Anerkennung
Der amerikanische Philosoph Stephen Darwall unterscheidet zwischen »vertikalem« und »horizontalem« Respekt. Der »vertikale« Respekt *bewertet* – eine besondere Leistung zum Beispiel. Er erkennt beispielsweise die Verdienste eines Nobelpreisträgers, eines erfolgreichen Sportlers oder einer tüchtigen Führungskraft an. Der »horizontale Respekt« dagegen ist bedingungslos; er wird jedem Menschen entgegengebracht, weil dieser eine autonome Persönlichkeit ist. Die »horizontale« Art von Respekt bewährt sich immer gerade dann, wenn es schwierig wird; wenn es zum Beispiel im Job problematische Gespräche, Absagen, Kritik oder personenbezogene Kündigungen gibt. »Der horizontale Respekt, die Anerkennung des anderen als autonomen Menschen, das ist die Basis für das Zusammenleben überhaupt«, sagt der Hamburger Respektforscher Niels van Quaquebeke.

Warum ist Respekt so wichtig?
Im Wesentlichen bedeutet Respekt für mich nichts anderes als: den anderen als Menschen zu sehen. Wie sehr wir auf Respekt angewiesen sind, spüren wir immer dann, wenn er uns fehlt – wir nicht genügend oder überhaupt nicht respektiert werden. Gerade in schwierigen Situationen ist es so wichtig, vom anderen beachtet und gut behandelt zu werden.

Ein Fall von Respektlosigkeit
Ein junger Mann, der Teilnehmer eines Projektes für Arbeitsuchende war, berichtete mir einmal von einem »Vorstellungsgespräch«. Er bewarb sich um eine einfache Aushilfstätigkeit als Lagerist. Ich erinnere mich noch genau, wie aufgeregt er

schon Tage vor dem Vorstellungstermin war. Er hatte keine Ausbildung, war sprachlich nicht besonders gewandt und äußerst ungeübt für solche Situationen. Als er von seinem Termin zurückkam, war er deprimiert und traurig. Er erzählte mir: Außer ihm waren noch ungefähr 15 andere Bewerber zur selben Uhrzeit einbestellt worden. Nach einer Wartezeit betrat ein Mann den Raum – »keine Ahnung, wer das war« –, sah sich um, deutete mit dem Finger auf drei der Bewerber und sagte: »Du, du und du, mitkommen – die anderen können gehen!« Das war der »Vorstellungstermin«, dem der Teilnehmer mit solcher Spannung und Hoffnung entgegengefiebert hatte!

Zugegeben, hier handelt es sich um einen besonders extremen Fall von Respektlosigkeit. Leider könnte ich Ihnen noch viele derartige Beispiele nennen aus einer Zeit, in der ich Arbeitsuchende dabei unterstützte, wieder in Lohn und Brot zu kommen.

In einer Situation wie der beschriebenen kommt es noch nicht einmal entscheidend darauf an, dass der junge Mann den Job nicht bekommen hat – viel verletzender war die Abwertung seiner Persönlichkeit zu einem ersetzbaren Etwas. Solche Situationen werfen ein Schlaglicht auf die Kultur in dem betreffenden Unternehmen. Verdient nur der Starke und Selbstbewusste Respekt – der Schwache und Hilfsbedürftige dagegen nicht?

TEIL I
Respekt sich selbst gegenüber

»Respekt ruft Respekt hervor«, schreibt der Benediktinerpater Mauritius Wilde. Das heißt: Wenn Sie einem anderen Menschen Respekt entgegenbringen, können Sie am ehesten damit rechnen, auch selbst respektiert zu werden.

Bedeutet das nicht auch, dass es Ihnen leichter fallen wird, den anderen zu respektieren, wenn Sie sich selbst respektieren können? Haben Sie überhaupt schon einmal darüber nachgedacht, wie es um Ihren Respekt sich selbst gegenüber bestellt ist?

Bereits das Wort »Respekt« selbst lädt gewissermaßen dazu ein, einmal eine andere Brille aufzusetzen. Denn, wie erwähnt: Sprachgeschichtlich hat Respekt mit »Schauen« und »Sehen« zu tun.

> **Respekt im Hinblick auf die eigene Person bedeutet:**
> ⇨ mit *Aufmerksamkeit und Freundlichkeit* auf sich schauen
> ⇨ nach den eigenen *Bedürfnissen* sehen
> ⇨ sich selbst mit allen Facetten *annehmen*

Jeder Erwachsene, der sich die Frage stellt, ob er sich selbst gegenüber ausreichend Respekt aufbringt, wird unweigerlich irgendwann damit beginnen, über seine Kindheit nachzudenken. Denn die Kindheit ist der Lebensabschnitt, der auf die spätere Selbstachtung einen entscheidenden Einfluss ausübt.

Schon Kinder wollen von anderen respektiert werden – in erster Linie natürlich von ihren Eltern. Neben Liebe und Zuwendung brauchen sie Respekt und Anerkennung, um zu wachsen und sich entfalten zu können. Je mehr wir während unserer ersten Lebensjahre mit unserem ganzen Potenzial gefördert werden und je mehr Respekt wir dabei erfahren, desto leichter fällt es uns später, eine respektvolle Haltung uns selbst und anderen gegenüber zu leben.

Wenn wir bereits bei unseren Eltern beobachten und erfahren, was es heißt, respektvoll miteinander umzugehen, dann lernen wir diese Haltung für unser ganzes Leben. Und wir lernen ebenso, auch mit uns selbst achtsam und respektvoll umzugehen und unseren Wert gut einzuschätzen.

Jede Missachtung ist eine Verletzung der Seele. Wenn Erwachsene signalisieren: »Du störst«, »Du kannst das nicht«, »Du bist nicht richtig, so wie du bist« – dann kann ein Kind kein gutes und starkes Selbstwertgefühl entwickeln. Eltern, die ihrem Kind lange genug einreden, es sei ungeschickt und habe zwei linke Hände – dürfen diese Eltern erwarten, dass ihr Kind später eine besondere technische Begabung entwickelt? Eher nicht!

Versetzen Sie sich deshalb doch einmal zurück in Ihre Kindheit, in Ihr Elternhaus, in Ihre Schulzeit und denken Sie über die folgenden Fragen nach:

Wie war das damals bei Ihnen?

⇨ Wovor hatten meine Eltern Respekt, als ich klein war?
⇨ Was haben mir meine Eltern oder andere wichtige Personen im Hinblick auf Respekt vermittelt und vorgelebt?
⇨ Wie respektvoll sind meine Eltern oder andere wichtige Bezugspersonen damals mit mir umgegangen?
⇨ Was habe ich als Kind über Respekt gelernt? Lässt sich vielleicht ein Muster erkennen nach dem Schema: »Immer wenn ..., dann ...«?
⇨ Findet sich dieses Muster in Erfahrungen wieder, die ich im späteren Leben gemacht habe?
⇨ Wo habe ich – als Kind oder später als Erwachsene(r) – Respektlosigkeit oder Missachtung erfahren?

Wenn Ihnen Szenen aus Ihrer frühen Kindheit oder den ersten Schuljahren vor die Augen treten, können Sie sicher sein, dass die Erinnerungen eine Spur in Ihnen hinterlassen haben – sonst würden sie Ihnen jetzt nicht wieder einfallen ...

Lassen Sie uns nun wieder in die Gegenwart zurückkehren! Überlegen Sie: Wo stehen Sie heute? In welcher Weise haben sich Ihre Erfahrungen in Hinblick auf Respekt und

Selbstrespekt niedergeschlagen? Vergleichen Sie: Welches Selbstbild haben Sie heute – welches Selbstbild hatten Sie als Kind? Welchen Wert messen Sie sich heute bei – und wie war das damals als kleines Mädchen oder als kleiner Junge? Erkennen Sie einen Zusammenhang damals und heute?

Inzwischen sind Sie erwachsen, und die Bezugspersonen, zu denen Sie als Kind aufgeschaut haben, haben getan, was sie konnten. Das bedeutet: Ihre Eltern bzw. Ihre Bezugspersonen sind jetzt aus dem Schneider. Nun kommt es darauf an, dass Sie das Steuer in die *eigenen* Hände nehmen.

Wir alle wollen ernst genommen, anerkannt und respektiert werden. Doch wenn wir immer nur hoffen, allein durch die Zuwendung von anderen Menschen glücklich werden zu können, machen wir uns etwas vor. Als Erwachsene müssen wir in Eigenverantwortung gehen.

Aber – und das ist die gute Nachricht: Respekt sich selbst gegenüber können Sie auch noch als Erwachsene(r) lernen. Voraussetzung dafür ist natürlich, dass Sie bereit sind, sich zunächst einmal aufmerksam selbst zu erforschen.

Wie hat Oscar Wilde einmal in netter Übertreibung gesagt? »Es ist eine Lebensaufgabe, sich selbst kennenzulernen«.

Deshalb lade ich Sie an dieser Stelle zu einer zweiten Fragerunde ein. Diesmal geht es darum zu prüfen, wo Sie heute im Hinblick auf Respekt sich selbst gegenüber stehen.

Manche der nachfolgenden Fragen geben Ihnen eine Skala vor, zum Beispiel über den Stand Ihrer Zufriedenheit mit sich selbst. »10« wäre ein Zustand optimaler Zufriedenheit; »0« würde bedeuten: »Ich bin überhaupt nicht zufrieden!«. Haben Sie einen Stift zur Hand? Dann geht's jetzt los:

Wo stehen Sie heute?

Wie zufrieden bin ich mit mir selbst?
0 --- 1 --- 2 --- 3 --- 4 --- 5 --- 6 --- 7--- 8 --- 9 --- 10

Wie viel Aufmerksamkeit schenke ich mir selbst?
0 --- 1 --- 2 --- 3 --- 4 --- 5 --- 6 --- 7--- 8 --- 9 --- 10

Wie viel Zeit gebe ich mir im Lauf eines Tages, um über mich selbst nachzudenken?
0 --- 1 --- 2 --- 3 --- 4 --- 5 --- 6 --- 7--- 8 --- 9 --- 10

Wie gut kenne ich meine eigenen Bedürfnisse?
0 --- 1 --- 2 --- 3 --- 4 --- 5 --- 6 --- 7--- 8 --- 9 --- 10

Wie respektvoll gehe ich mit mir selbst um?
0 --- 1 --- 2 --- 3 --- 4 --- 5 --- 6 --- 7--- 8 --- 9 --- 10

Abschließend noch drei Fragen, bei denen Sie nichts ankreuzen müssen. Vielleicht sind sie deshalb besonders herausfordernd. Seien Sie freundlich, gespannt und offen im Hinblick auf Ihre eigenen Antworten …!

⇨ Wofür bin ich dankbar im Hinblick auf mich selbst?
⇨ Was fällt mir schwer, an mir zu respektieren?
⇨ Wie respektvoll gehe ich mit meinen Ressourcen, Grenzen und Einschränkungen um?

Auswertung: Welche Frage hat Sie am meisten angesprochen und beschäftigt? Was ist Ihnen aufgefallen?

_____
_____
_____

Lassen Sie den kleinen Selbsttest ruhig noch eine Weile in sich wirken. Wenn Sie in den kommenden Tagen weiterhin ab und zu über diese Fragen nachdenken, erhalten Sie mit Sicherheit noch zusätzliche Einsichten über sich selbst.

Aus der Praxis: Sechs Stufen zu mehr Respekt vor sich selbst

Respekt vor sich selbst gewinnen Sie, indem Sie zunächst innehalten und auf sich selber schauen. Das ist die Voraussetzung. Sie erforschen sich, schenken sich selber Aufmerksamkeit – und zwar in einer freundlichen und aufgeschlossenen Haltung.

Sechs Schritte führen zu mehr Respekt vor sich selbst: Zuerst lernen Sie, von Zeit zu Zeit ganz bewusst bei »sich selbst« zu sein. Dann beginnen Sie damit, Ihre eigenen Bedürfnisse zu begreifen, Ihre Stärken richtig einzuschätzen und Ihre Schwächen anzunehmen. Schließlich vertrauen Sie Ihrer eigenen Veränderungskraft so sehr, dass Sie sich voll und ganz bejahen können. Am Ende nutzen Sie wie von selbst Situationen des Alltags, um den Respekt vor sich selber immer tiefer in Ihr Leben hineinzulassen.

Und so sieht das in der Praxis aus:

1. Nehmen Sie sich Zeit für sich

Haben Sie gelernt, Zeit mit sich selbst zu verbringen? »Natürlich!«, werden Sie antworten. »Ich mache von morgens bis abends nichts anderes.« So ist das jedoch nicht gemeint.

»Ich habe den Mount Everest bestiegen, um einmal tief in mich hineinblicken zu können«, hat Reinhold Messner gesagt. Keine Sorge! Sie müssen nicht bis in den Himalaya reisen, um mit sich selbst in Kontakt zu kommen. Für die meisten Menschen reicht dafür schon ein Spaziergang durch den nächstgelegenen Park aus. Wichtig ist nur, von Zeit zu Zeit aus der Mühle der täglichen Verpflichtungen und Selbstverpflichtungen herauszutreten, um ruhig in sich hineinzuhorchen.

Der Zeitmanagement-Experte Lothar Seiwert spricht davon, dass wir uns – neben Arbeit und Freizeit – ganz bewusst »Eigenzeit« gönnen sollten. Zeit, in der wir über uns selbst bestimmen, die wir ganz für uns haben. Jeder Mensch habe seinen eigenen Zeitrhythmus und dürfe sich nicht zu sehr hetzen lassen, auch nicht von eigenen Ansprüchen ...

Zeit für sich selbst haben – das heißt auch, mit sich selbst ins Reine kommen zu können. Viele Menschen neigen zu großer Strenge gegen sich selbst. Sie stecken sich hohe Ziele und machen sich Vorwürfe, wenn sie diese nicht erreichen.

Finden Sie also heraus, wo Sie ganz »bei sich selbst« sind! Das kann beim Spaziergang sein, beim Zeitunglesen oder beim Sport. Das kann in der Sauna sein oder in der Badewanne, beim Tagebuchschreiben oder bei einem Gespräch mit einem vertrauten Menschen. Die Situationen, die Ihnen wohltun, kommen Ihnen wie von selbst entgegen: Dort, wo Sie sich besonders wohlfühlen, sind Sie »zu Hause«.

Übrigens kann es eine Weile dauern, bis eine Entspannungstechnik richtig im Leben integriert ist. Bringen Sie also auch ein Stück Langmut mit bei der Suche nach sich selbst.

> **Übung: Sich verwöhnen**
>
> Von Zeit zu Zeit sollten Sie selbst sich ganz bewusst etwas Gutes tun. Das geht auch mit wenig Geld. Wie wäre es, wenn Sie sich ab und zu einen Blumenstrauß schenken würden? Blumen im Raum tun unserer Seele wohl und sind auch schon für wenig Geld zu haben.
>
> Auch wenn Sie sich etwas Außergewöhnliches gönnen, stellen Sie den Respekt vor sich selber (wieder) her. Denn indem Sie sich ein wenig verwöhnen, zeigen Sie sich symbolisch, was Sie sich selber wert sind. Erfüllen Sie sich also mit gutem Gewissen ab und zu einmal einen lang gehegten Wunsch. Das kann eine schöne Uhr sein, ein Daunenkissen, Fußballkarten, schicke Schuhe oder ein Abend in der Stadt – große oder kleine Geschenke, die Sie sich selber machen. Und last but not least: Lassen Sie sich durch Ihren klugen Verstand, Ihre Ratio, diese besondere Freude nicht ausreden!

Eine andere Möglichkeit, zu sich selbst zu finden, ist es, seine Gedanken zu Papier zu bringen. »Wenn ich schreibe, betrete ich einen Raum der Stille, zu dem niemand Zutritt hat«, sagt der Benediktiner-Pater und Schriftsteller Anselm Grün. »Dort kann mich keiner verletzen. Beim Beten ist es ähnlich. Und übrigens auch beim Lesen. Wenn mir Menschen sagen: ›Zum Lesen komme ich höchstens eine Viertelstunde am Tag‹, dann antworte ich: ›Gut, aber in dieser Viertelstunde nimmst du dem Terror der Termine schon ein Stück weit die Macht. Du spürst dich anders – und das ist heilsam.‹«[5]

Es gibt viele Möglichkeiten, um über das Schreiben den Weg zum eigenen Inneren zu finden. Ich selbst mache immer wieder gute Erfahrungen mit kreativem Schreiben.

Kennen Sie das? Nehmen Sie sich einmal Zeit dafür und probieren Sie es aus!

> **Übung: Kreatives Schreiben**
>
> Wählen Sie sich möglichst einen regelmäßigen Termin in Ihrem Tagesablauf – vielleicht immer morgens vor der Arbeit oder immer abends vorm Schlafengehen, wenigstens eine Viertelstunde lang. Suchen Sie sich einen Platz in Ihrer Wohnung, der Ihnen gut gefällt, benutzen Sie einen schönen Schreibblock! Beginnen Sie zu schreiben ... Lassen Sie Ihre Gedanken einfach strömen. Notieren Sie, was immer Ihnen durch den Sinn geht – und seien Sie neugierig darauf! Machen Sie sich zunächst keine Sorgen, ob das, was Sie schreiben, irgendwelchen Anforderungen genügt – noch nicht einmal Ihren eigenen. Lassen Sie's einfach sprudeln! Wichtig dabei ist nur, dass Sie den Stift nicht absetzen. Falls Sie zunächst keine Idee haben, schreiben Sie einfach immer wieder »Mir fällt nichts ein« auf Ihr Blatt – Sie werden sehen: Gerade *dadurch* locken Sie die Gedanken hervor. Bald merken Sie, wie Sie beim Schreiben Flügel bekommen. Eine fantastische Methode, den Geist frei zu machen – für viele der Weg zu sich selbst.

2. Respekt vor den eigenen Bedürfnissen

Respektlos mir selbst gegenüber verhalte ich mich auch dann, wenn ich berechtigte Bedürfnisse immer wieder ignoriere oder verdränge. Ein solches Bedürfnis kann zum Beispiel sein: »Ich will mehr *Anerkennung* bekommen.« Oder: »Ich will *ernst genommen* werden!« Oder: »Ich will da-

zugehören!« Oder: »Ich will mich in *Sicherheit* fühlen!« Oder: »Ich will *Unterstützung* bekommen!« Es ist gar nicht leicht, solche spezifischen Botschaften überhaupt zu erkennen; ich muss aufmerksam in mich hineinhorchen. Es braucht innere Auseinandersetzung mit sich selbst, um sich darüber klar zu werden: Was *brauche* ich? Was brauche ich in meinem Job? Oder: Was brauche ich *aktuell*, genau in diesem Moment?

Der Schlüsselsatz, der uns auf die Spur der eigenen Bedürfnisse bringt, lautet: »Ich brauche ...« Er hat *nichts* mit Egoismus zu tun; keine »Ich-zuerst-Haltung« ist damit verbunden. Vielmehr zielt der Satz »Ich brauche« auf die Notwendigkeiten des Lebens, auf die einfachen wie die sublimen: Ich brauche Essen, ein Dach über dem Kopf, ich brauche einen Platz zum Schlafen ... Doch um mich wirklich wohlzufühlen, brauche ich darüber hinaus auch Sicherheit und Schutz; ich brauche das Wohlwollen anderer Menschen; ein Netzwerk von Freunden, in das ich mich fallen lassen kann, wenn es nottut. Ich brauche die Gesundheit meines Körpers und meiner Seele, um mich wohlzufühlen, und Anregungen für meinen Geist. Ich brauche *Aufgaben* – sogar die heilsame Routine täglicher *Pflichten* und *Verantwortungen*. Ich brauche das Vertrauen, dass das Leben mir immer neue Chancen eröffnet, sodass für all meine Bedürfnisse gesorgt ist. Einen behaglichen Platz im Leben brauche ich, der mir das Gefühl von Geborgenheit vermittelt, sodass ich mir sagen kann: »Im Grunde ist doch alles, was ich benötige, schon da! Mir geht es rundherum gut. Ich bin wie ein Baum, der in den Himmel ausgreift, getragen von einem reich verzweigten Wurzelwerk, fest in der Erde.«

> **Überlegen Sie einmal:**
> ⇨ Wen kennen Sie persönlich, der gut auf sich selbst achtet? Wie macht er/sie das?
> ⇨ Was brauchen Sie Tag für Tag, damit es Ihnen gut geht? Notieren Sie alles, was Ihnen helfen könnte, wieder ins Gleichgewicht zu kommen.
> ⇨ Versorgen Sie sich im Job wirklich mit allem, was Sie brauchen, um sich zufrieden und präsent zu fühlen?
> ⇨ Was tun Sie, um sich selbst zu unterstützen?
> ⇨ Was brauchen Sie jetzt, genau in diesem Moment?

Warten Sie nicht darauf, dass andere Ihnen geben, was Sie brauchen! Machen Sie sich bewusst, dass Sie alleine für die Befriedigung Ihrer Bedürfnisse verantwortlich sind. Schließlich sind Sie selbst der Mensch, der Sie am besten kennt; Sie wissen genau, was Sie mögen und was nicht, was Sie sich wünschen und wonach Sie sich sehnen. Schließen Sie Freundschaft mit sich selbst.

Es gibt viele Möglichkeiten, gut für das zu sorgen, was Sie lebendig hält und an Ihrem Arbeitsplatz unterstützt.

Fragen Sie sich, was Sie selbst tun können, damit Sie sich an Ihrem Arbeitsplatz sicher, stark und wohl fühlen. Zum Beispiel, indem Sie

- Ordnung und Sauberkeit (wieder) herstellen
- bequeme Kleidung tragen
- für regelmäßige Arbeitszeiten sorgen
- täglich eine warme, ausgewogene Mahlzeit einnehmen
- früh ins Bett gehen bzw. sich ein ruhiges Wochenende zu Hause einrichten.

> **Sorgen Sie für Rituale**
>
> ⇨ Ein Morgenritual könnte etwa sein: »Ich bin immer eine Viertelstunde vor meinen Kollegen am Arbeitsplatz, damit ich noch Zeit finde, mich zu sammeln und zu sortieren, bevor die Arbeit beginnt.«
>
> ⇨ Ein Mittagsritual könnte sein: »Ich verlasse zur Mittagszeit meinen Schreibtisch. Ich mache es mir zur Gewohnheit, niemals gleichzeitig zu essen und zu arbeiten.«
>
> ⇨ Ein Abendritual könnte sein: »Ich lasse den Tag bewusst ausklingen, überlege mir, was er Neues gebracht hat und was ich loslassen kann. Ich räume meinen Schreibtisch auf, bevor ich den Arbeitsplatz verlasse.«

Anderen zeigen, was Sie brauchen

Schon für unsere eigene Person haben wir es oft schwer genug herauszufinden, was wir *wirklich* brauchen – wie schwer ist es dann erst für unsere Vorgesetzten und Kollegen! Diese sind in der Regel weder Psychologinnen noch Hellseher. Woher sollen sie also wissen, was mit mir los ist, wenn ich es nicht zeige? Wie sollen sie mir mit Rat und Tat zur Seite stehen, wenn sie nicht wissen, was ich brauche, um gut arbeiten zu können?

Wer im Job unverstellt bekundet, was in seinem Inneren vor sich geht – zum Beispiel: »Ich bin nervös« oder »Die Arbeit strengt mich sehr an« oder »Ich werde nachmittags immer ganz müde« –, wer mitteilt, was er gerade fühlt, was ihn gerade ärgert, erfreut oder verletzt, der muss damit rechnen, gelegentlich in eine »Psychokiste« gesteckt zu werden und zu hören: »Das tut hier nichts zur Sache!« oder »Bleiben Sie doch bitte sachlich!«

Aber: Sie können durch Emotionalität durchaus auch *gewinnen*! Gerade *weil* Sie offen und respektvoll über Ihre Bedürfnisse und Empfindungen sprechen und keine Spielchen spielen, um sich stärker oder klüger oder besser erscheinen zu lassen.

Ein hilfreiches Sprichwort lautet:
Wenn du etwas zu verbergen hast, dann zeige es – die anderen merken es sowieso.

Obwohl wir alle nicht hellsehen können und gleich erkennen, wie es im Inneren unserer Mitmenschen aussieht, besitzen wir doch sensible Antennen, die uns anzeigen, wenn einer unserer Mitmenschen etwas kompensieren möchte.

Wenn jemand zum Beispiel immerzu ängstlich denkt: »Oh weh, ich hatte Ärger an meinem letzten Arbeitsplatz, hoffentlich spricht mich keiner darauf an! Denn was soll ich dann sagen?« – dann ist es oft wie verhext: Meistens steuert der Betreffende selber im Gespräch gerade auf diesen wunden Punkt zu ... oder schaut auf den Boden, wenn er darauf angesprochen wird – da weiß dann jeder gleich, wie es in ihm aussieht, noch ehe ein Wort gefallen ist ...

Warum dann überhaupt so viel Energie darauf verwenden, Dinge zu verbergen oder zu kompensieren, wenn die anderen das sowieso durchschauen? Warum sich nicht deutlich dazu bekennen: »Ja, das *ist* so bei mir, darüber bin ich selber nicht glücklich, aber es gehört *auch* mit zu mir.«

Sie werden nicht nur in den Augen vieler anderer Menschen an Sympathie gewinnen. Sie werden auch schlicht Kräfte sparen, weil Sie nicht mehr in übertriebenem Maße auf Ihre Fassade achten müssen – weil Sie gewissermaßen ohne Umwege direkt aus dem Herzen sprechen können. Möglicherweise wird man Sie gerade *dafür* respektieren.

Was haben Sie zu verlieren, wenn Sie über Ihre Schwächen ganz offen sprechen? Sie büßen vielleicht ein wenig von Ihrer »Coolness« ein.

Und was haben Sie zu gewinnen? Sehr viel – nämlich Souveränität, Authentizität und den Respekt der anderen!

Eine Frage der Kommunikation

Den anderen zu zeigen, was ich brauche – das heißt oft auch ganz schlicht: Ich muss *kommunizieren*. Ich muss den anderen auf irgendeine Weise signalisieren, worum es mir geht. Erstaunlich, aber wahr: Das ist keineswegs selbstverständlich, sondern stellt gerade in der Arbeitswelt oft ein Problem dar.

Immer wieder beobachte ich, sowohl bei Mitarbeiterinnen und Mitarbeitern als auch bei Führungskräften, dass viele davon ausgehen, dass es schon »irgendwie« klar sei, was sie von anderen erwarten ... Und dann beklagen sie sich beispielsweise, dass die Kollegen keine Rücksicht nehmen, zum Beispiel wenn sie konzentriert an einer besonders schwierigen Aufgabe arbeiten. »Denn man sieht doch gleich, dass ich nicht gestört werden will!«

Wenn ich nachfrage: »*Woran* erkennt man es denn?«, bekomme ich Unterschiedliches zu hören. Zum Beispiel: »Mein Schreibtisch liegt dann voller Akten – daran merkt man doch, dass ich viel zu tun habe!« oder: »Ich schau dann eben nicht hoch, wenn jemand vorbeigeht« und dergleichen.

»Haben Sie denn irgendeine Vereinbarung mit Ihren Kollegen getroffen, die klarmacht, dass Sie nicht gestört werden wollen?«, frage ich weiter. »Sind Sie sicher, dass Ihre

Kollegen wirklich wissen, was der volle Schreibtisch oder Ihr Blick auf die Tischfläche signalisieren soll? Gibt es zwischen Ihnen diese Absprache?«

Genau das ist eben meistens *nicht* der Fall! Deswegen die Störungen – aus keinem anderen Grund! Die anderen Mitarbeiter unterbrechen ihren fleißig-konzentrierten Kollegen mit allerbestem Gewissen. Es handelt sich dann gar nicht um einen Mangel an Respekt. Sondern um einen Mangel an Kommunikation.

Wie signalisiere ich meinen Kolleginnen und Kollegen im Arbeitsalltag ...

⇨ dass ich ungestört arbeiten will?
⇨ wie es mir heute geht?
⇨ dass ich etwas Bestimmtes brauche?
⇨ dass ich sie als Kollegen respektiere?

Vielleicht kommen Sie gut mit Ihren Kollegen aus. Vielleicht aber könnte das Miteinander noch besser sein. Durch diese Übung wird es Ihnen gelingen, sich selbst gewissermaßen von »außen« zu betrachten und, falls erforderlich, Ihr Verhalten entsprechend einzurichten.

---

3. Respektvoller Umgang mit den eigenen Stärken

Nun kommen wir zu Ihren Stärken und Talenten. Haben Sie eigentlich vor Ihren eigenen Leistungen Respekt? Fällt es Ihnen leicht, Ihre Stärken wertzuschätzen und zu respektieren?

»Natürlich«, mögen Sie jetzt vielleicht denken.

Sind Sie ganz sicher?

Verblüffend viele Menschen sind sich nämlich bereits darüber im Unklaren, wo ihre Stärken und Talente eigentlich liegen. Gehören Sie auch dazu? Oder haben Sie Eigenschaften oder Fähigkeiten, auf die Sie so richtig stolz sind? Wenn Sie jetzt eben nicht sofort aus voller Kehle »Ja!« gerufen haben, wird die folgende Übung sicherlich hilfreich für Sie sein:

Welche Stärken habe ich?

Fertigen Sie eine Liste an mit Ihren Talenten und Stärken! Überlegen Sie: Was kann ich gut? Womit und wobei habe ich oft Erfolg? Was geht mir leicht von der Hand? Welche Stärken werden mir von anderen zugeschrieben? Welche meiner Begabungen hat mir schon oft Lob, Anerkennung, vielleicht sogar Bewunderung eingetragen? Schreiben Sie einmal getrost alles auf, worauf Sie stolz sind!

Notieren Sie für den Anfang in die unten stehenden Zeilen mindestens zwanzig positive Eigenschaften oder Fähigkeiten, die Sie möglichst genau beschreiben. Denken Sie nicht lange nach. Alles, was Ihnen spontan einfällt, soll aufs Blatt. Los geht's!

Meine Stärken und Talente:

1. _____
2. _____
3. _____
4. _____

5. _____
6. _____
7. _____
8. _____
9. _____
10. _____

Auswertung: Wie lange haben Sie gebraucht? Machen Sie sich mit Ihrer Liste intensiv vertraut, sodass Sie sie innerlich jederzeit abrufen können. Sie werden merken, wie Sie schon nach kurzer Zeit mehr Zutrauen zu sich selbst gewinnen, wenn Sie Ihre starken Seiten gewissermaßen schwarz auf weiß haben. Rufen Sie sich Ihre Liste immer wieder in Erinnerung – gerade auch in Phasen, in denen Sie sich Ihrer selbst nicht so sicher sind.

Im Berufsleben gibt es viele Situationen, in denen es darum geht, die eigenen Stärken zu *benennen*: im Mitarbeiterjahresgespräch beispielsweise oder im Vorstellungsgespräch.

Wenn Sie dann Argumente brauchen, um Ihre Stärken zu untermauern, sollten Sie konkrete Beispiele dazu parat haben. Versuchen Sie es einmal:

Finden Sie konkrete Beispiele, mit deren Hilfe Sie Ihre Stärken belegen können

Eigenschaft	Beispiele
1.	
2.	
3.	

Erweitern Sie Ihre Liste kontinuierlich! Sprechen Sie mit anderen – mit Ihren Freunden, mit Kolleginnen, mit Ihrer Führungskraft –, mit Menschen, die Sie mögen und gut einzuschätzen wissen! Denken Sie nach: Wer kann Ihnen dabei helfen, der ganzen Fülle Ihrer Stärken auf die Spur zu kommen? Wahrscheinlich werden Sie schon sehr bald bei einem Blick auf Ihre Liste beeindruckt vor dem Facettenreichtum all Ihrer Fähigkeiten und Möglichkeiten stehen!

Wenn Sie sich Ihrer Stärken immer mehr bewusst werden und sie verinnerlichen, dann fallen Ihnen in der entsprechenden Situation auch die passenden Worte ein, ohne dass Sie lange überlegen müssen. Sie werden glaubwürdig und authentisch wirken. Ihre Körpersprache geht wie von selbst mit, und Sie wirken authentisch bis in die Fingerspitzen.

Wer authentisch rüberkommt, wird von anderen respektiert – und respektiert sich auch selbst.

Von der Kunst, Lob anzunehmen

Das Lob und die Komplimente, die wir bekommen, sind eine Art Spiegelbild unserer Stärken. Ist Gelobtwerden tatsächlich eine Kunst? Fast könnte man es meinen. Vielen Menschen fällt es jedenfalls schwer, ein Lob überhaupt anzunehmen.

Kennen Sie folgende Reaktionen, wenn ein Chef beispielsweise das Engagement einer Mitarbeiterin hervorhebt? »Nicht der Rede wert.« Oder: »Ja, aber das war keine Kunst ...« Oder: »Ach, das ist doch selbstverständlich.« Oder: »Das gehört doch zu meinen Aufgaben!«

Ähnlich reagiert ein Seminarteilnehmer von mir. Eine Sportskanone sondergleichen! Hält mehrere regionale Meistertitel in den unterschiedlichsten Disziplinen. Wenn man ihm aber Anerkennung dafür ausspricht, antwortet er zum Beispiel: »Ah, das ist gar nichts! Die hundert Meter bin ich schon einmal viel schneller gelaufen.«

Dass Komplimente in falscher Bescheidenheit abgewehrt werden, statt sie freundlich und fröhlich entgegenzunehmen – das können wir täglich beobachten – am Ende gar bei uns selbst ...

»Das haben Sie wirklich toll gemacht, danke schön!« Und was antworten Sie? »Ach, das war doch nicht der Rede wert.« Oder: »Das war ja nichts Besonderes!« Oder, halb entschuldigend: »Ach, hat ja Spaß gemacht« – als ob es verboten wäre, seine Aufgaben mit Freude an der Sache zu erledigen! Wir freuen uns doch immer, wenn wir einen Menschen treffen, der seine Aufgabe gerne tut.

Ähnlich verhält es sich, wenn man beobachtet, was die Menschen sagen, wenn sie ein Dankeswort entgegennehmen. Viele sagen: »Kein Problem« oder »Passt schon« oder »Schon recht«. Alles einschränkende Äußerungen! Was ist die beste Antwort, um auf den Dank eines anderen zu reagieren? – Richtig: »Gern geschehen!«

Bereits solche kleinen Situationen können dazu beitragen, den Respekt vor sich selber aufrechtzuerhalten. Wenn für Sie selbst und für andere spürbar ist: »Ja, vor meinen eigenen Leistungen habe ich Respekt!«

Sich zu bedanken ist eine besonders schöne Form, Respekt auszudrücken. Am besten, Sie machen gleich ein Hobby daraus!

Sich bedanken

Machen Sie es sich zur Gewohnheit, an jedem Abend wenigstens drei Dinge aufzuschreiben, die Sie im Lauf des Tages erlebt haben und für die Sie dankbar sein können. Sind Sie gesund geblieben? Hat Sie unterwegs ein netter Mensch angelächelt? Haben Sie eine nette E-Mail bekommen? Konnten Sie über sich selbst lachen? Haben Sie einen 20-Euro-Schein im Mantel vom letzten Winter gefunden? Haben Sie zufällig mitbekommen, wie jemand etwas Nettes über Sie gesagt hat? Es muss gar nichts »Sensationelles« gewesen sein ... Sind Sie auf einen schönen Gedanken gestoßen, der Sie überzeugt hat und den Sie weiterdenken werden? Haben Ihre Kollegen Sie spüren lassen, dass Sie willkommen sind? All dies sind kleine Momente im Leben, für die Sie immer wieder »danke« sagen können.

4. Schwächen respektieren?

»Respekt hängt mit Toleranz zusammen, in erster Linie gegenüber uns selbst. Denn wenn wir uns selbst nicht akzeptieren können, ist es sehr schwierig, eine andere Person, so wie sie ist, zu akzeptieren.«
Juanes

Die eigenen Schwächen brauchen unseren Respekt am nötigsten. Respekt vor den eigenen Schwächen haben – das bedeutet *nicht* (um das gleich vorwegzunehmen), dass ich meine Schwächen gutheiße und dass ich nicht an ihnen arbeiten müsste. Sondern es bedeutet: Gewöhnlich fällt es uns am allerschwersten, uns auch einmal ohne Scheu *die* Dinge anzuschauen, die wir *nicht* an uns mögen.

Manchmal kokettieren wir mit den Schwächen, die wir haben. »Huch, ausgerechnet *ich* soll vor einer Menschenversammlung sprechen? Das kann ich nicht. Ist mir unmöglich.« Meist sprechen Menschen so, die kaum je einmal in die Verlegenheit kommen werden, wirklich eine Rede vor einer großen Versammlung zu halten. Wo Schwächen nicht wehtun – da fällt es allen leicht, diese zu benennen. Weil sie uns dann nicht wirklich nahegehen. Das Sprechen über sie ist dann eine recht oberflächliche Angelegenheit, die unter Umständen sogar unser Unterhaltungsbedürfnis befriedigt.

Anders verhält es sich dagegen mit Schwächen, die uns *wirklich* zu schaffen machen, mit denen wir hadern, Dinge, die uns unangenehm oder peinlich sind, für die wir uns schämen.

Welche Schwächen sind das, auf die wir nur ungern öffentlich blicken lassen, über die zu reden wir uns scheuen? »Ich habe furchtbar Angst, abgelehnt zu werden« – das wäre ein Beispiel dafür. Oder: »Ich bin unehrlich.« Oder: »Ich bin launisch, ich bin habgierig, missgünstig, eifersüchtig. Ich bin neidisch.« *Das* sind Eigenschaften, von denen fast *nie* jemand spricht!

Natürlich wäre es unprofessionell, im Beruf all seine Schwächen vollkommen ungeschützt zu präsentieren. Ob – und wie – Sie Ihre Schwächen darstellen können, davon war schon weiter oben die Rede (S. 36 ff.). An dieser Stelle soll es zunächst darum gehen, wie Sie Ihre Schwächen, genau wie Ihre Stärken, respektieren können. Denn das ist eine echte Herausforderung!

1. Schritt: Die eigenen Schwächen wahr-nehmen

Wenn Sie damit beginnen, sich Ihre Schwächen bewusst zu machen, geht es zunächst einmal darum, diese wahr-zu-nehmen ... Wahr-nehmen im doppelten Wortsinn: sie zu bemerken und sie zugleich für »wahr« zu nehmen und sie zu »nehmen« – also annehmen und akzeptieren als Teil von sich selbst. Was immer Sie dabei auch entdecken werden: Seien Sie freundlich und milde mit sich selbst. Betrachten Sie Ihre Schwächen aus einer Art »Respektabstand« heraus, neugierig, wie aus der Perspektive eines interessierten Beobachters.

Fertigen Sie doch einmal eine Liste mit Ihren Schwächen an! Überlegen Sie: Was macht Ihnen immer wieder zu schaffen? Haben Sie Züge, die Sie an sich selbst nicht mögen? Womit erregen Sie immer wieder Anstoß, erwecken Sie Widerstand? Welche Schwächen werden Ihnen von anderen zugeschrieben? Gibt es etwas, wogegen Sie seit langer Zeit vergebens ankämpfen? Gibt es etwas, worauf Sie ganz bestimmt *nicht* stolz sind?

> **Meine Schwächen**
>
> 1. _____
> 2. _____
> 3. _____

Falls Sie nun nach Ihrer gründlichen Selbstanalyse die Zerknirschung packt, bedenken Sie: Schwächen gehören zu unserem Menschsein dazu. *Jeder* Mensch hat Stärken *und* Schwächen. Sich vornehmen zu wollen: »Irgendwann möchte ich dahin kommen, sagen zu können: ›Jetzt habe ich nur noch Stärken und eigentlich gar keine Schwächen mehr‹« – das gibt es nicht. Das wäre ein idealistisches, aber weltfremdes Projekt. Es wäre eine Illusion.

Respektieren Sie Ihre Schwächen, sie gehören zu Ihnen. Ohne diese Schwächen wäre Ihr Selbstbild unvollständig.

2. Schritt: Der Nutzen Ihrer Schwächen

Wenn ich im Seminar die Teilnehmer manchmal bitte, ihre Schwächen zu notieren, dann wage ich zuweilen eine Prophezeiung, noch bevor die Menschen überhaupt begonnen haben zu schreiben: »Wollen wir wetten«, sage ich, »dass Sie von jeder Schwäche, von jedem unangenehmen Verhalten auch einen Nutzen haben? Von jeder?«

Ja, es ist tatsächlich so! Nehmen wir beispielsweise einen Mitarbeiter, dem es immer wieder schwerfällt, »Nein« zu sagen. Was hat er davon? Welchen Nutzen zieht er möglicherweise aus dieser Schwäche?

Ganz klar: Er kann sich zum Beispiel vor Vorwürfen aller Art schützen, er kann Sympathiepunkte sammeln und möglicherweise muss er sich nicht positionieren!

Wie ist es mit dem Lampenfieber, das Sie vor einer Präsentation heimsucht? Welchen *Nutzen* hat Lampenfieber? Zunächst einmal sorgt es dafür, dass Sie sich gründlich vorbereiten. Es macht Sie hellwach und hält während der Präsentation eine entsprechende Spannung in Ihnen aufrecht.

Nun kommen wir zu *Ihren* Schwächen: Welchen Nutzen ziehen Sie aus den Schwächen, die Sie in der vorhergehenden Übung aufgeschrieben haben?

Welchen Nutzen haben Ihre Schwächen?

Welche Vorteile ziehen Sie aus Ihren Schwächen? Finden Sie zu jeder einzelnen Ihrer Schwächen aus Ihrer Liste jeweils drei Möglichkeiten, wozu genau diese Schwäche gut sein könnte! Auf diese Weise können Sie erfahren, worum es Ihnen bei Ihren jeweiligen Schwächen *wirklich* geht.

Schwäche	Nutzen
	1. 2. 3.
	1. 2. 3.
	1. 2. 3.

3. Schritt: Innerer Dialog

»Jeder erfährt Respekt, wenn er aus seiner Situation etwas macht.«
Silvano Beltrametti

Nun beginnt die eigentliche Arbeit: In einem dritten Schritt überlegen Sie, wie Sie den Nutzen, den Ihre Schwächen für Sie bereithalten, auf andere Weise sicherstellen können.

Hilfreich ist hierbei ein »innerer Dialog«, das bedeutet: Sie kommunizieren mit Ihren Schwächen wie mit einem Partner. Da sich dieser Dialog nicht äußerlich – zwischen zwei Menschen –, sondern im eigenen Inneren abspielt, handelt es sich um einen inneren Dialog.

Halten Sie inne, wenn Ihre Schwäche wieder bei Ihnen anklopft, und lauschen Sie in sich hinein: Was fühlen Sie gerade? Welche innere Stimme meldet sich bei Ihnen? Nehmen Sie den Dialog auf. Versuchen Sie, die positive Absicht zu finden, die diese innere Stimme für Sie bereithält. Verhandeln Sie, bleiben Sie in Fühlung mit sich selbst und achten Sie darauf, dass Sie auch in Phasen der Hektik nicht in alte Denk- und Verhaltensweisen zurückfallen.

Vielleicht fällt es Ihnen schwer, Ihre Schwächen zu akzeptieren? Dann fragen Sie sich doch einmal, wie Ihr Leben ohne sie aussehen würde ... Womöglich hätten Sie noch weniger Pausen als ohnedies – vielleicht wären Sie ständig blass und überarbeitet, ohne diesen kleinen Hang zur Trägheit, den Sie sich so lange schon vorwerfen? Vielleicht würden Sie Gefahr laufen, in den Ruf eines trockenen Aktenfressers zu geraten, ohne diese kleine Neigung von Ihnen, häufig mal fünfe grade sein zu lassen? Wenn Sie Ihre Schwächen unter diesem Aspekt betrachten, erkennen Sie schnell, was für einen Nutzen sie für Sie bereithalten. Üben Sie eine

Haltung ein, die es Ihnen möglich macht, Ihre Schwächen zu respektieren.

Alle Schwächen, und auch alle Stärken, haben *mindestens zwei Seiten*. Manchmal zeigt sich das sogar in ein und derselben Person.

Der Mensch in seinem Widerspruch ...

Einmal hat mir ein Mann – er war Controller von Beruf – beim Coaching ganz begeistert davon erzählt, wie gut er strukturiert sei. Er hat mir die Ordnung auf seinem Schreibtisch beschrieben und gesagt: »Jede einzelne Kleinigkeit hat dort ihren Platz und ist griffbereit, sowie ich sie brauche. Alle Aufgaben werden zuverlässig und fristgerecht erledigt. Das macht mich stolz!« Daraufhin habe ich ihn gefragt: »Herr Maier, ist das bei Ihnen privat denn genauso?« Mein Gesprächspartner schaute mich an, begann plötzlich zu lachen und gab zur Antwort: »Ob Sie's glauben oder nicht, Frau Lienhart: Privat ist das bei mir genau umgekehrt! In meiner Wohnung liegen die Dinge eher kreuz und quer herum ... Bevor ich Gäste empfangen kann, muss ich immer erst aufräumen. Und wenn ich Ihnen jetzt verrate, wie lang ich schon meine Einkommenssteuererklärung vor mir herschiebe – das glauben Sie mir gar nicht!« Dieses Eingeständnis hat auf mich sehr sympathisch gewirkt.

Akzeptieren Sie sich also, wie Sie sind! Sie können schließlich niemand anders sein. Stehen Sie zu Ihren Schwächen. Geben Sie sich selbst und anderen zu verstehen: »Ja, das ist ein Schwachpunkt von mir.« Oder sagen Sie: »So bin ich. Ich habe Stärken. Und was meine Schwächen betrifft: Das bin ich *auch*!«

Die Schwierigkeiten, die Ihnen in Ihrem Leben begegnen, ob im Job oder privat, lassen sich allesamt nutzen, um persönliches Wachstum zu trainieren. Schwächen halten verborgene Schätze und Geschenke für Sie bereit. Nutzen Sie diese für Ihre persönliche Weiterentwicklung und um sich selbst auf die Spur zu kommen. Seien Sie neugierig und gespannt darauf, was Sie bei sich entdecken können!

5. Das große »JA« zu sich selbst

Kennen Sie das? Manchmal sind wir rundum mit uns zufrieden. Nach einem geschäftlichen oder sportlichen Triumph beispielsweise. Oder wenn wir im Freundeskreis die Stimmung schönen Einvernehmens spüren, in der jeder jeden gelten lässt.

Es gibt ein großes und ein kleines »Ja« zu sich selbst: Sich bestätigt zu fühlen, wenn wir den Geschmack des Erfolges auf der Zunge spüren, ist keine Kunst. Wenn wir das Spiegelbild unserer Stärken vor uns sehen, rufen wir nur gar zu gern: »Ja, das bin ich!«

Und wenn der Spiegel uns unsere Schwächen zeigt?

Nur wer seine Stärken und gleichzeitig seine Schwächen respektiert, sagt *wirklich* »Ja« zu sich. Nur ein »Ja«, das auch die eigenen Schwächen bejaht, ist ein wirkliches, ein großes JA. Wer »Ja« zu sich sagt, respektiert sich selber.

Der Leidenschaft folgen

Wie froh sind wir immer, wenn wir jemanden treffen, der das, was er tut, *gerne* tut. Wir spüren sofort, ob ein Mensch seine Sache mit Leidenschaft verfolgt. Diesem Menschen bringen wir wie von selbst Respekt entgegen. Für solche Beobachtungen haben wir alle ganz feine Antennen. Wenn wir in ein Geschäft kommen und mit der Verkäuferin sprechen – wir merken *sofort*, ob sie Lust hat an ihrer Arbeit oder nicht, ob sie ihren Job gern macht oder nicht.

Ob Sie bereits am richtigen Platz sind – an »Ihrem« Platz –, das können Sie einfach daran überprüfen, ob Sie sich wohlfühlen bei dem, was Sie tun. Ob Sie mit einer gewissen Leichtigkeit und Freude bei der Sache sind.

Wann haben Sie sich das letzte Mal gefragt, wie gerne Sie das, was Sie täglich tun, wirklich tun? Wie sinnvoll ist das, was Sie tun, und wie gut passt das, was Sie Tag für Tag leisten, zu Ihnen selbst?

Manchmal braucht es Mut, der eigenen Bestimmung zu folgen. Sie brauchen ja nicht kopfüber ins kalte Wasser springen – Sie können die Temperatur erst einmal mit dem Fuß prüfen. Oder sich das Wasser langsam über den Körper gießen. Irgendwann ist es dann gar nicht mehr so schwer, und dann können Sie sich sagen: »So! Jetzt springe ich hinein!«

Der eigenen Veränderungskraft vertrauen

Jede Veränderung beginnt bei einem Einzelnen und wirkt nach außen: auf die Arbeitskollegen zum Beispiel oder auf die Kunden oder auf die Führungskraft ... Haben Sie nicht schon oft erlebt, wie ein einziger fröhlicher Mensch die Atmosphäre eines ganzen Raumes aufhellen konnte? Fröhlichkeit teilt sich anderen Menschen mit wie ein kleiner Stromstoß und stimmt sie ebenfalls freundlich und lebensfroh. Es ist wie bei einem Mobile: Egal, wo Sie es anstoßen – stets gerät es als Ganzes in Bewegung.

Deshalb: Wenn Sie beginnen, sich selbst zu respektieren, werden Ihnen auch die anderen Menschen Respekt entgegenbringen. An den Tagen, an denen der Respekt sich selbst gegenüber schwerfällt, kann dies besonders hilfreich sein.

Sich unterstützen lassen

Sprechen Sie mit jemandem, der Sie respektiert. Mit jemandem zu sprechen, von dem Sie sicher wissen, dass er Ihnen Respekt entgegenbringt, hilft Ihnen, den Respekt vor sich selbst wieder aufzufrischen. In Phasen, in denen Sie sich schwertun, sich selbst zu respektieren, kann das wie Balsam für die Seele sein. Manchmal sind wir so schwach, dass wir uns selbst verloren gehen – wir alle! Und dann brauchen wir einen Menschen, der uns mehr respektiert und mehr Zutrauen zu uns hat, als uns selbst das im Augenblick möglich ist.

Sich selber verzeihen

Haben Sie Ihr Ziel verfehlt? Den gleichen Fehler wiederholt? Ihre Vorsätze nicht umgesetzt trotz besseren Wissens?

Geben Sie nicht auf. Auch hier gibt es etwas zu lernen für Sie: nämlich Mitgefühl für sich selbst. Lernen Sie, sich selbst zu verzeihen! Blicken Sie direkt aus Ihrem Herzen auf sich selbst, wenden Sie sich selbst so freundlich zu, wie Sie es mit Ihrem besten Freund tun würden. Gelegentlich an sich selbst zu zweifeln, gehört zum Leben dazu.

6. Ihr persönlicher Entwicklungsplan

Respekt fordert von uns eine immer wiederkehrende Auseinandersetzung mit uns selbst, mit unseren Schwächen und mit unseren Stärken. Und es geht immer wieder darum, sich den Respekt neu zu erringen, ein Leben lang.

Wer sich selbst respektieren kann, wird es leichter haben, von anderen Respekt zu bekommen und andere Menschen zu respektieren. Wie oft haben wir die Möglichkeit, das im Alltag zu üben! Der Alltag bietet ein weites Feld von Situationen, die uns dazu auffordern, uns beim Thema »Respekt« weiterzuentwickeln. Nicht nur im Kontakt mit Menschen, sondern auch, beispielsweise, im Umgang mit Lebensmitteln, auf die Sie gerade keinen Appetit haben. Werfen Sie die weg? Oder wenn eine Ameise über Ihr Buch krabbelt, das Sie gerade lesen: Drücken Sie die schnell tot oder setzen Sie sie hinaus in den Garten? Prüfen Sie auf diese Weise immer wieder, ob Sie auch scheinbar kleinen Dingen sowie der Umwelt gegenüber Respekt zeigen.

Bemühen Sie sich deshalb, Respekt auch im Alltag zu leben:

- Was kann/muss/will ich tun?
- Was muss ich unterlassen?
- Wer kann mich wie unterstützen?
- Mein erster Schritt:
-
-
-

Eine achtsame und respektvolle Haltung stärkt also nicht nur Ihre Stellung im Job und dient Ihrem beruflichen Fortkommen. In letzter Konsequenz führt sie Sie zum fürsorglicheren Umgang mit allem, was uns Menschen umgibt.

TEIL II
Respekt anderen gegenüber

*»Was wäre denn aus mir geworden,
wenn ich nicht immer genötigt gewesen wäre,
Respekt vor anderen zu haben?«*
Johann Wolfgang von Goethe

Ist es nicht merkwürdig? Wir alle wünschen uns, mit Respekt behandelt zu werden, und wir alle erleben respektloses Verhalten im Beruf und im Alltag. Hören Sie sich nur einmal bei Ihren Freunden um … Fragen Sie: »Könnt ihr mir von Situationen erzählen, in denen ihr schon einmal Respektlosigkeit erfahren habt?« Ich versichere Ihnen: Jede/r wird Ihnen eine Geschichte erzählen können.

Ich erinnere mich an ein Seminar, das ich geleitet habe, zum Thema »Projektmanagement«. Darin saßen zwei Teilnehmer, beide Anfang 20, sie galten als »Potenzialträger« ihres Unternehmens.
Bereits während der Vorstellungsrunde unterhielten sich

die beiden lautstark miteinander, manchmal verdrehten sie die Augen, während die anderen Kollegen, die zum Teil zwanzig, dreißig Jahre älter waren als sie selbst, von ihren Berufserfahrungen sprachen. Irgendwann unterbrach einer der beiden die Einstiegsrunde, sprang auf und rief: »Wozu brauchen wir denn diesen ganzen Vorstellungs-Schnickschnack?! Das geht nur von unserer Zeit ab.« Der andere ergänzte: »Stimmt genau! Lassen Sie uns endlich zur Sache kommen! Ich will nicht die Namen der Anwesenden hören, die vergesse ich doch gleich wieder. Ich will wissen, wie ich nächste Woche meinen Deckungsbeitrag um 1,5 Prozent erhöhen kann!«

Ich empfand dieses Verhalten als äußerst respektlos, insbesondere den älteren Teilnehmern gegenüber. Für das Gelingen eines Projektes gibt es neben Methoden und Techniken einen ganz entscheidenden Faktor: die Mitarbeiter – den Faktor »Mensch«. Dem hatten die beiden offensichtlich noch keine Bedeutung beigemessen.

Die Erfahrung respektlosen Verhaltens brennt sich stark in die Erinnerung ein, denn es ruft intensive Abwehrgefühle hervor. Das gilt aber auch genauso für Erlebnisse, in denen uns in besonderem Maße Respekt entgegengebracht wird.

In einem Hotel, in dem ich öfter Seminare halte, wurde ich neulich folgendermaßen begrüßt: »Frau Lienhart, im Seminarraum steht Ihr Wasser schon für Sie bereit. So wie Sie's immer gern trinken – nicht zu kalt und ohne Kohlensäure in einem großen Glas.« Das hat mich sehr gefreut. (Ich versuche nämlich immer, zwei Liter Wasser am Tag zu trinken; und wenn das Glas zu klein ist, wenn Kohlensäure darin ist oder wenn das Wasser zu kalt ist, schaffe ich das nicht.) Darin lag eine besondere Achtsamkeit gegenüber meiner Person und gegenüber meinen Wünschen in diesem Hotel.

Wie angenehm, wenn ich mich nicht erklären oder rechtfertigen muss. Wenn es überhaupt keine Rolle spielt, ob der andere das versteht oder nicht!

Im Grunde wissen wir genau und spüren es deutlich: Andere wollen denselben Respekt erfahren wie ich auch. Jeder Mensch hat ein tiefes Bedürfnis danach.

Im ersten Teil dieses Buches haben wir uns intensiv damit befasst, was es heißt, *sich selbst* zu respektieren. Jetzt soll es um den Respekt *im Umgang mit anderen* gehen: um den Respekt, den wir anderen entgegenbringen, und um den Respekt, den wir durch andere erhalten.

Dazu möchte ich Sie eingangs zunächst wieder zu einer kleinen Selbstbefragung einladen:

Respekt in Ihrem beruflichen Alltag

- ⇨ Wo erleben Sie in Ihrem beruflichen Alltag Respekt?
- ⇨ Welche Erfahrung machen Sie dabei ganz konkret?
- ⇨ Was können Sie in Ihrem beruflichen Alltag nur schwer bzw. gar nicht respektieren?
- ⇨ Wie leicht fällt es Ihnen, andere zu respektieren?
- ⇨ Sind Sie bereit, sich in einen anderen Menschen hineinzuversetzen? In Ihre Kollegen, in Ihre Mitarbeiter und Mitarbeiterinnen, in Ihre Chefin oder Ihren Chef? In Ältere oder in Jüngere etc.?

Wahrscheinlich ist Ihnen bei dieser Selbstbefragung wieder einmal deutlich geworden, was für eine Bedeutung das Thema »Respekt« in Ihrem Leben besitzt. In dieser Hinsicht dürfen Sie getrost von sich auf andere schließen: Auch andere

Menschen schätzen es, wenn man achtsam und respektvoll mit ihnen umgeht.

Zugegeben: Manche Zeitgenossen machen es uns furchtbar schwer, sie zu respektieren!

Wenn Sie gerade heftig genickt haben, dann wissen Sie, was ich damit meine. Wohl jeder von uns hat bereits einschlägige Erfahrungen gemacht. Da ist dieser unduldsame Chef – dieser unfreundliche Kollege – die unangenehme Kundin ... In einem anderen Buch habe ich die Geschichte meiner Kollegin Beate Schneider erzählt, von den Schwierigkeiten, die sie mit ihrem unleidlichen Hausmeister hatte.[6] Den anderen gelten zu lassen, so wie er – oder wie sie – ist: Das ist die größte Herausforderung!

Und doch dürfen wir uns an dieser Stelle daran erinnern, was das Wort »Respekt« eigentlich besagt. In erster Linie bedeutet es: *Andersartigkeit* zu respektieren. *Natürlich* sind andere Menschen anders als ich! Wenn ich sie ohne Wenn und Aber annehme, so wie sie eben sind, dann brauche ich meine eigene Sichtweise keinesfalls aufgeben. Ich muss mich deswegen nicht kleiner machen, als ich bin (aber auch nicht größer), ich muss meine eigenen Werte und Vorstellungen nicht über Bord werfen, mich nicht selber herabsetzen. Vielmehr kommt es darauf an, dem anderen gegenüber eine grundsätzliche Achtung an den Tag zu legen, *ohne* zugleich die eigene Selbstachtung zu gefährden oder hintanzustellen.

Gelassenheit und Akzeptanz im Umgang mit anderen: Grundvoraussetzungen

»*Nehmen Sie die Menschen, wie sie sind. Andere gibt es nicht.*«
Konrad Adenauer

I. Realistisch sein

Respektieren Sie, dass selbst im besten Team ab und zu atmosphärische Störungen vorkommen, dass ab und an die Temperamente aufeinanderprallen und dass Worte nicht immer abgewogen und wohlformuliert sind. Selbst wenn wir wachsam bleiben und achtsam sind: Kleinere und größere Verletzungen sind unvermeidlich. Es gibt keine menschliche Beziehung ohne Konflikte und kein Team ohne Konflikte. Im Gegenteil! Konflikte gehören dazu. Wenn ich als Coach höre, es gäbe *nie* Schwierigkeiten in einer Arbeitsgruppe und alle würden sich untereinander *immer* gut verstehen, dann frage ich mich, ob das Team seine Konflikte möglicherweise durch solche Äußerungen eher vermeiden oder zudecken möchte. Kein Team wird über längere Zeit bestehen, ohne dass es nicht einmal zu Konflikten oder Verletzungen kommt. Konflikte sind ganz normal – sie gehören dazu – sie haben häufig einen Nutzen und können mitunter sehr heilsam sein (siehe auch *V. Nicht alle Konflikte lassen sich lösen*, S. 61).

II. Wir alle machen Fehler ...

... ja, auch Sie! Und auch Ihre Arbeitskollegen, Ihre Kunden, Ihre Führungskraft – jeder Mensch macht Fehler. Rechnen Sie also in Ihrem Berufsalltag von vornherein mit Fehlern. Rechnen Sie auch mit Kritik. Wenn Sie sich darauf einstellen, dass *überall* Fehler passieren – bei Ihnen und bei anderen –, dann werden Sie nicht aus allen Wolken fallen, wenn genau das passiert.

Natürlich gibt es Situationen, da wären Unzulänglichkeiten fatal: Wenn ich beispielsweise im Flugzeug sitze, möchte ich, dass ein Pilot alle Geräte zu hundert Prozent überprüft hat, bevor er startet. Wenn ich operiert werde, wünsche ich mir einen Chirurgen, der zu hundert Prozent bei der Sache ist und nicht nur zu achtzig Prozent. Aber der Anspruch, allen Herausforderungen des Lebens immer und überall mit hundert Prozent begegnen zu wollen und niemals Fehler zu machen, das wäre unrealistisch. Außerdem braucht es gar nicht immer hundert Prozent – oft sind achtzig Prozent vollkommen ausreichend.

III. Allen Menschen recht getan ...

... ist eine Kunst, die niemand kann«, sagt das Sprichwort. Es *allen zugleich* recht zu machen – das geht nicht! Die Erwartungen und Interessen der Menschen sind verschieden, weil die Menschen selbst verschieden sind. (Und wer das versteht, kann im Team diese Unterschiedlichkeiten gut nutzen.) Das heißt: Ab und zu werde ich in eine Situation kommen, in der ich die an mich gerichteten Erwartungen nicht erfüllen kann. Das sollte ich auch meinen Mitmenschen zugestehen – gelegentlich wenigstens ... Denn auch die anderen Menschen sind keineswegs dazu da, um meine eigenen Hoffnungen zu erfüllen und meine Wünsche voll und ganz zu befriedigen. Wenn ich von solchen unrealistischen Erwartungen Abschied nehme, dann wird mein Leben leichter sein ...

IV. Gefühle sind immer wahr

»Gefühle sind immer wahr, man kann sich nicht ›ver-fühlen‹«, formuliert der Psychologe Hartwig Hansen. Nehmen Sie die anderen »wahr« und bemühen Sie sich zu verstehen, was Ihre Kollegin oder Ihren Kollegen bewegt. Zeigen Sie Respekt vor dem Erleben anderer!

Jeder Mensch bringt seine persönlichen Erfahrungen und Erlebnisse aus der Vergangenheit mit und auch seine Talente und Möglichkeiten. Wenn Ihnen andere von ihren Empfindungen berichten und sich Ihnen gegenüber ein wenig öffnen, dann können Sie das als Kompliment betrachten. Hören Sie Ihrem Kollegen oder Ihrer Kollegin genau zu, seien Sie einfühlsam, fragen Sie nach: Damit bekunden Sie vor dem Erleben des anderen Respekt.

V. Nicht alle Konflikte lassen sich lösen

Schon der griechische Philosoph Epiktet unterschied prinzipiell zwischen »Dingen, die man ändern kann, und Dingen, die man nicht ändern kann«. Ähnlich verhält es sich mit Konflikten: Es gibt Konflikte, die sich *klären*, aber nicht *lösen* lassen. Im Arbeitsalltag ist es im Allgemeinen überhaupt nicht nötig, all den kleinen und großen Differenzen zwischen den Kolleginnen und Kollegen immer bis auf den letzten Grund nachzugehen. Es reicht, sie so weit in den Griff zu bekommen, dass die Arbeitsfähigkeit und der gegenseitige Respekt wieder hergestellt sind.

Im Seminar spielen wir manchmal verschiedene Konfliktszenarien durch; dann fragen mich die Teilnehmer: »Und wenn wir nun alles abgeklärt haben und jeder auf seinem eigenen Standpunkt beharrt – was dann?« Ja, richtig: Manchmal bleiben Konfliktreste zurück, und es entsteht am Ende eine Situation, die sich nicht mehr verändern lässt.

Dann ist es hilfreich, eine Formel anzuwenden, die auf Englisch in prägnanter Kürze lautet: *Love it, change it or leave it!* Auf Deutsch bedeutet das: »Finde dich ab mit deiner Lage, verändere sie oder zieh dich aus ihr zurück!«

Überprüfen Sie diese drei Möglichkeiten und wählen Sie dann den Weg, der für Sie richtig ist.

VI. Alles hat (s)einen Sinn

Schwierigkeiten bringen es leider mit sich, dass unser Vertrauen erschüttert wird. Sie rufen unser Misstrauen wach, fordern gebieterisch unsere Aufmerksamkeit, drängen sich in unser Wohlgefühl und scheinen ständig »*Alarm!*« zu rufen. Dann fällt es schwer, das Vertrauen aufzubringen, dass alles seinen Sinn hat, vor allem wenn ich diesen (noch) nicht sehen kann.

Überlegen Sie: Hat es nicht auch in Ihrem Leben schon die Erfahrung gegeben, dass Sie den Sinn mancher schweren Ereignisse erst im Nachhinein erkennen konnten, wenn Sie darauf zurückgeblickt haben? Haben Sie nicht erst im Rückblick – vielleicht im Abstand einiger Wochen oder Monate oder gar Jahre – überhaupt erfassen können, *wozu* das bedrängende Erlebnis gut war?

In diesem Sinn können Sie sich selbst sagen: »Ich verstehe zwar nicht, wozu diese schwierige Situation nun gut sein soll, in der ich mich momentan befinde. Aber ich will mich darum bemühen, sie zu respektieren und auf den tieferen Sinn zu vertrauen.« Wenn Sie diese Erfahrung bereits gemacht haben (und das haben Sie bestimmt!), dann können Sie bereits mitten in der schwierigen Situation darauf vertrauen, dass alles seinen Sinn hat, auch wenn Sie es momentan noch nicht sehen können.

Wenn Sie glauben, dass eine höhere Macht die Welt leitet, dann wenden Sie sich an diese Macht. Viele von uns sind gläubig, ohne sich in den Bahnen einer herkömmlichen Religion zu bewegen. Sehr viele glauben an ein universelles Prinzip, das sie aus bestimmten Überzeugungen heraus Gott nennen mögen oder auch nicht. Es spricht nichts dagegen, an dieses Prinzip zu denken und sich dabei zu beruhigen, wenn Sie mit Ihren eigenen Kräften am Ende sind. Dann öffnen Sie sich automatisch für neue Einfälle, überraschende Begegnungen, fröhliche Gedanken und plötzliche gute Wendungen in Ihrem Leben.

VII. Veränderungsbereitschaft als Grundvoraussetzung

Um einen Konflikt oder eine schwierige Situation zu lösen, braucht es die Veränderungsbereitschaft aller Beteiligten. Ohne diese Bereitschaft sind alle Ansätze – und übrigens auch alle Coaching-Maßnahmen – nutzlos. Prüfen Sie deshalb genau, ob Sie wirklich bereit sind für eine Veränderung. Manchmal bedeutet das, sich von etwas zu verabschieden, und das fällt nicht immer leicht. Prüfen Sie deshalb immer, inwieweit Sie *wirklich* bereit zur Veränderung sind.

> **Übung: Einander auf die Spur kommen**
>
> Diese Übung nutze ich gern für Teams. Jeder Teilnehmer und jede Teilnehmerin bekommt die nachstehenden Fragen und beantwortet sie erst einmal für sich selbst. Danach werden die Antworten reihum vorgetragen. Auf diese Weise erfährt man eine ganze Menge voneinander.

> **Wie denke ich? Wie denkst du?**
>
> ⇨ Ich freue mich, wenn ...
> ⇨ Es macht mich wahnsinnig, wenn ...
> ⇨ Ich bin stolz auf ...
> ⇨ Mir ist wichtig, dass ...
> ⇨ Veränderung bedeutet für mich ...
> ⇨ Sicher fühle ich mich, wenn ...
> ⇨ Es fällt mir schwer, wenn ...
> ⇨ Verzeihen kann ich ...
> ⇨ Nicht akzeptieren kann ich ...
> ⇨ Unter Fairness verstehe ich ...
> ⇨ Loyalität heißt für mich ...
> ⇨ Respekt habe ich für ...
> ⇨ Von meinen Kollegen erwarte ich ...

VIII. Nicht bewerten!

Respekt beweisen Sie auch, indem Sie die Unterschiede zwischen den Menschen in aller Gelassenheit wahrnehmen, ohne sie sogleich – laut oder leise – zu bewerten. Zugegeben: Manchmal ist es nicht leicht nachvollziehbar, was andere Menschen bewegt und antreibt. Sie brauchen auch nicht alles widerspruchslos hinzunehmen. Aber die Frage »Wer hat recht?« oder »Wer ist schuld?« stellt sich nicht in jedem Fall. Viel wichtiger ist es, dass Sie bewusst unterscheiden zwischen dem, was Sie wissen, was Sie beobachten und was Sie vermuten.

Versuchen Sie es einmal. Stellen Sie sich die Frage: »Was

weiß ich von einem Kollegen ganz konkret, was *beobachte* ich an ihm, was *vermute ich* über ihn?«

Zum Beispiel: Der Kollege ist der Abteilungsleiter, er heißt Herr Müller, er ist seit neun Jahren im Unternehmen, er arbeitet gerade an Projekt X oder Y und so weiter. All das *weiß* ich.

Der Kollege spielt mit seinem Bleistift, er kommt immer um 8.30 Uhr in die Firma, er trinkt um 10 Uhr seinen Kaffee, er wippt häufig mit seinem Fuß ... All das *beobachte* ich.

Der Kollege ist nervös, er hat Stress zuhause, er ist besonders tüchtig, er ist heute müde, er ist belastbar, er ist selbstbewusst ... All das *vermute* ich.

Achtung: »Der Kollege plaudert gern mit der Grafikerin.« Ist das eine Beobachtung oder eine Vermutung?!

Oder: »Der Schreibtisch meines Kollegen ist immer unordentlich.« Beobachtung oder Vermutung?

Manchmal ist es gar nicht einfach, Bewertungen und Beobachtungen voneinander zu unterscheiden!

Aus der Praxis: Sechs Stufen zum gegenseitigen Respekt

1. Auf der Suche nach dem verloren gegangenen Respekt

»Wir sollten uns mit den großen Problemen beschäftigen, solang sie noch klein sind.«
Jadwiga Rutkowska

Es ist aufschlussreich: In den vielen Jahren der Begleitung von Menschen im Einzel- und Teamcoaching habe ich immer wieder die Erfahrung gemacht, dass der Begriff »Respekt« früher oder später auftaucht. Dabei kommen die Menschen nur selten mit der Frage zu mir: »Wie kann ich mehr Respekt im Job gewinnen?« Meistens schildern sie mir erst einmal eine Situation, die ihnen Schwierigkeiten bereitet. Aber auf das Thema »Respekt« laufen viele der nachfolgenden Gespräche unweigerlich hinaus.

Schade, dass die Menschen oft erst zu mir kommen, wenn's brennt. Denn je früher sie Unterstützung suchen, umso größer ist die Aussicht auf Erfolg.

Wenn Sie also den Verdacht haben, das Thema »Respekt« könnte bei aktuellen Problemen in Ihrem Berufsalltag eine Rolle spielen, dann schauen Sie genau hin: Was ist da im Team eigentlich genau los? Was läuft da ab zwischen den Kollegen? Gibt es eine Situation, die immer wieder auftaucht und Ihnen das Gefühl vermittelt: Irgendetwas stimmt hier nicht! Die aufmerksame Beobachtung einer Situation, des eigenen inneren Erlebens und die genaue Prüfung eigener Reaktionen sind der erste Schritt hin zu einer Veränderung ...

Überprüfen Sie doch gleich einmal mit folgendem Test, inwieweit das Thema »Respekt« – bzw.: der Mangel an Respekt – an Ihrem Arbeitsplatz eine Rolle spielt.

Respekt in meinem Team

	☺	😐	☹
Stimmung			
Ich komme gerne zur Arbeit. Ich fühle mich an meinem Arbeitsplatz wohl.			
Ressourcen			
Unterschiedlichkeiten werden von meiner Führungskraft gesehen und bewertet.			
Die Stärken und Talente des Einzelnen werden bewusst genutzt.			
Arbeitsmoral und Zielvorgaben			
Die Arbeitsmoral ist gut.			
Wir arbeiten effizient.			
Zielvorgaben werden in der Regel erreicht.			
Es herrscht Nachsichtigkeit gegenüber Fehlern.			
Beziehung untereinander			
Ich komme mit meinen Kolleginnen und Kollegen sowie mit meiner Führungskraft gut zurecht.			
Bei uns gibt es auch Lob/Anerkennung und kleine Geschenke.			
Wir sprechen auch über persönliche Dinge miteinander.			
Kommunikation			
Konflikte werden bei uns angesprochen.			
Wir haben klare Spielregeln für den Umgang miteinander.			
Wir führen selten langwierige Diskussionen.			

Dieser Test dient dazu, sich ein Bild vom Status Quo zu verschaffen: Inwieweit gehen wir im Team respektvoll miteinander um? Können Sie sich vorstellen, diesen Test gemeinsam mit Ihrem Team durchzuführen? Vielleicht entdecken Sie dann Themen, die gesehen und bearbeitet werden wollen?

Die Intuition

Verlassen Sie sich bei Ihren Beobachtungen nicht ausschließlich auf Ihre *Ratio* – also auf Ihr Denken und Ihren Verstand. Lassen Sie getrost auch Ihre *Intuition* einfließen und vertrauen Sie Ihrem Gefühl. Wenn Sie einem anderen Menschen Respekt erweisen, dann können Sie nie bis ins Letzte durchrechnen, ob diese Haltung wirklich gerechtfertigt ist; Sie vertrauen dabei immer auch ein Stück weit Ihrer Intuition.

»Das Bauchgefühl ist keine komische Einbildung, sondern lässt sich sogar körperlich orten«, schreiben Markus Hänsel und Andreas Zeuch, die beide über das Thema »Intuition« geforscht und darüber promoviert haben. »Den Verdauungstrakt umhüllen 100 Millionen Nervenzellen – das sind mehr als das Rückenmark aufweist. Dieses ›Bauchhirn‹, das sogenannte enterische Nervensystem, sendet viel mehr Signale zum Kopfhirn, als es von dort empfängt. Es kann die Daten seiner Sensoren selbst generieren und verarbeiten und es kontrolliert Reaktionen.«

Vielleicht ist es etwas ungewöhnlich, sich im Arbeitsalltag auf seine »innere Stimme« zu berufen – jedenfalls hierzulande. In den USA bekennen sich Führungskräfte weitaus freimütiger dazu, wie eine Untersuchung des Verwaltungswissenschaftlers Weston Agor von der Universität El Paso in Texas unter 3.200 Managern großer Unternehmen ergeben hat. Intuition darf nicht als »letzte Wahrheit« betrachtet werden, wohl aber als bedeutende zusätzliche Mitteilung oder als neue Perspektive. Erst das Zusammenspiel zwischen Kopf und Bauch macht uns umfassend urteils- und schließlich auch entscheidungsfähig.

> **Übung: Was ist jetzt, gerade in diesem Augenblick?**
>
> Nehmen Sie sich jeden Tag eine Viertelstunde Zeit und lauschen Sie in sich hinein! Überprüfen Sie Ihr inneres Erleben. Lassen Sie die Bilder des Tages an sich vorüberziehen wie auf einer Art innerer Kinoleinwand. Mit sicherem und bequemem Sessel, der beste Platz ist immer für Sie reserviert. Von dort aus können Sie sich in aller Ruhe Ihren Film anschauen, der vielleicht von Ihren Wünschen und Überzeugungen handelt oder von Menschen, mit denen Sie es im Job zu tun haben. Beachten Sie dabei Ihre Körpersignale: Haben Sie bei bestimmten Gedanken/Bildern/Filmen das Gefühl von Wärme? Spüren Sie vielleicht ein Drücken im Magen, ein Ziehen im Nacken, starkes Herzklopfen, ein Kribbeln am Kopf, einen Kloß im Hals, ein flaues Gefühl im Bauch, ein Zittern in den Knien?
> Achten Sie auch auf die Bilder, die in Ihnen bei bestimmten Gedanken aufsteigen (zum Beispiel: »Ich bin fest verwurzelt wie ein Baum/bei diesem Gedanken fühle ich mich frei wie ein Vogel.«). Wiederholen Sie diese Übung jeden Tag oder an jedem zweiten Tag und lernen Sie Ihr inneres Erleben auf diese Weise immer besser kennen!

Körperliche Re-aktionen und innere Bilder entstehen nicht zufällig. Sie sind Wegweiser der Intuition. Indem Sie lernen, sich immer besser selbst zu beobachten, steigern Sie auch Ihr Gespür für subtile Informationen und nonverbale Signale, die Sie durch andere Menschen empfangen.

Wenn Sie in Ihrem beruflichen Alltag regelmäßig auf unangenehme Gefühle und Reaktionen stoßen – auf ein subtiles »Irgendetwas stimmt nicht« –, dann sollten Sie diesem Gefühl vertrauen und genauer prüfen: In welcher Situation taucht es auf? Wie fühlt es sich konkret an? In welcher Weise äußert es sich? Welches Gefühl löst es bei Ihnen aus – was sagt es Ihnen? Versuchen Sie, die Botschaft dieses Gefühls in Worte zu kleiden!

Je mehr Informationen Sie auf diese Weise aufgreifen, desto leichter wird es Ihnen fallen, sich in andere Menschen hineinzuversetzen und verständnisvollen Respekt für die anderen zu entwickeln.

2. Mal eine andere Brille aufsetzen – die Kunst des Perspektivenwechsels

»Nicht die Dinge sind es, die uns unglücklich machen, es ist unsere Sicht der Dinge.«
Epiktet

Die Fähigkeit, die Perspektive zu wechseln und sich in eine andere Person hineinzuversetzen, ist eine Grundkompetenz für ein gutes und respektvolles Miteinander im Job. Eine andere Brille aufzusetzen bedeutet, die eigenen Annahmen und Überzeugungen vorübergehend hintanzustellen – sie gewissermaßen zu »suspendieren« und die Situation aus einer anderen Perspektive heraus zu betrachten.

Die Blinden und der Elefant

Kennen Sie die schöne Geschichte vom Elefanten und den fünf Blinden?[7]

Fünf Gelehrte reisen im Auftrag ihres Königs nach Indien, um herauszufinden, was ein Elefant ist. Den Elefantenbullen, den man in Indien vor sie führt, können sie freilich nur ertasten, nicht sehen; denn alle fünf sind blind.

Der erste Blinde legt seine Hand auf den Rüssel und sagt: »Dieses Tier gleicht einem Wasserrohr, denn es ist lang und schmal.« – »Oh nein!«, ruft der zweite Blinde, der den Elefanten am Ohr angefasst hat, »eher ähnelt es einem glatten Fächer!« – »Ihr irrt euch«, sagt der dritte Gelehrte, während er über das Bein des Elefanten streicht, »das Tier hat die Gestalt einer festen Säule.« – »Unfug!«, entgegnet der vierte Blinde. »Ein Elefant, das ist eher so eine kurze Strippe mit Haaren dran«, denn er hat den Schwanz des Elefanten ertastet mit seiner Hand. – »Ah nein«, sagt da der fünfte Blinde, den Helfer auf den Rücken des Elefanten gehoben haben, »ich spüre es doch genau: Das Tier ist sehr groß und gleicht einer hohen und flachen Liege.«

Wer hat nun recht? Was die Details betrifft: jeder. Was die Gesamterscheinung eines Elefanten angeht: keiner. So sind wir alle in gewissem Sinn Gefangene unserer eigenen Perspektive. Kein Blickwinkel ist der letztgültige. Jeder von uns erfasst nur Einzelheiten von der Welt – und erst in ihrer Gesamtheit ergänzen sich diese zu einem vollständige(re)n Bild.

Wenn wir uns über die Unzulänglichkeiten anderer ärgern – dann ärgern wir uns im Grunde über die *Verschiedenartigkeit* der Menschen. Weil sie eine andere Perspektive haben als wir. Vermutlich kommt ihnen selbst ihr Verhalten angemessen und ganz »natürlich« vor. Sie sind durch Erziehung, Erfahrung, ihre Gene, ihre Herkunft, ihre Kultur oder ihr Lebensalter anders geprägt als wir selbst und schauen die Welt mit anderen Augen an.

Es sind erst die Ungleichheiten zwischen den Menschen,

die eine bunte Fülle von Sichtweisen hervorbringen. Es geht nicht darum, dass alle gleich behandelt werden oder dass alle gleich sind. Nur darum, dass man jedem Menschen mit Respekt begegnen soll. Jeder ist es wert.

Wenn Ihnen jemand das Leben schwer macht, haben Sie immer die Freiheit, gewissermaßen die Brille zu wechseln und Ihr Gegenüber in einem anderem Licht zu sehen. Dieser andere hat sicherlich – aus *seiner* Sicht, mit *seiner* Brille – einen guten Grund, sich so zu verhalten. Dann können Sie sich sagen: »Ich verstehe ihn zwar noch nicht, ich habe noch keine Ahnung. Aber ich betrachte das jetzt einmal als *Herausforderung* und bin erst einfach mal *neugierig* – vielleicht komme ich dann ja dahinter, warum er sich so verhält.«

»Wer klug ist, wird im Gespräch weniger an das denken, worüber er spricht, als vielmehr an den, mit dem er spricht«, sagte bereits Schopenhauer. Machen Sie es genauso. Verharren Sie nicht von vorneherein auf Ihrem eigenen Standpunkt. Wenn Sie die Perspektive Ihres Gegenübers einnehmen, wenn Sie seine Motive erkennen und verstehen, was ihn antreibt, was er hofft und welches Ziel er hat, werden Sie es leichter haben, Andersartigkeit zu respektieren.

So gelingt der Perspektivenwechsel

»Jedes Problem hat drei Lösungen: meine Lösung, deine Lösung, die richtige Lösung«, lautet ein chinesisches Sprichwort. Um auf die richtige Lösung zu kommen, kann es hilfreich sein, die drei folgenden Perspektiven genauer unter die Lupe zu nehmen: die eigene, die des Gegenübers und die eines unbeteiligten Dritten.

Stellen Sie sich folgende Fragen:

Drei Perspektiven

A) Die eigene Sichtweise
- ⇨ Was ist mein Anliegen? Mein Wunsch? Mein Ziel?
- ⇨ Woran erinnert mich diese Situation?
- ⇨ Worum geht es mir »wirklich«, »eigentlich«?
- ⇨ Was könnte die Situation zum Eskalieren bringen?
- ⇨ Welche Risiken sind für mich in dieser Sache absehbar?

B) Die Sichtweise des Gegenübers
- ⇨ Wie ist die Sichtweise meines Gegenübers?
- ⇨ Was hält sie/er für richtig oder falsch?
- ⇨ Was genau will er/sie erreichen?
- ⇨ Welche Gefühle beeinflussen ihn/sie vermutlich?
- ⇨ Was befürchtet er/sie?
- ⇨ Was braucht er/sie?

C) Die Sichtweise des unbeteiligten Dritten
- ⇨ Was könnte eine dritte Person konkret beobachten?
- ⇨ Welche Fragen würde sie stellen?
- ⇨ Welche Tipps, welche Vorschläge würde eine neutrale Person vermutlich geben bzw. machen?

Sie können den »unbeteiligten Dritten« gedanklich auch mit einer Person Ihres Vertrauens besetzen und überlegen, welchen Ratschlag diese Ihnen wohl geben würde. Sie können sich beispielsweise fragen: »Mal angenommen, mein früherer Chef oder mein bester Freund (oder Ihre Oma, Ihre kleine Tochter etc.) wären jetzt da – was würden die mir raten?

Solche Vorstellungen verändern nicht nur die Perspektive, sie weiten auch den Blick und machen sogar Spaß!

Ja, ich kann mich sogar auf eine Fantasiereise begeben, vielleicht in einem Heißluftballon: Ich stelle mir vor, wie ich hoch und immer höher steige und dann vom Himmel herunterschaue auf das Problem, das mich gerade so plagt. Dann sehe ich, wie klein und fern und unbedeutsam es geworden ist, und sehe einen weiten Horizont von Möglichkeiten um mich her und fühle mich wieder frei.

3. Chancen erkennen: Vom Denken in Möglichkeiten

Jahrzehntelang hatten die besten Läufer der Welt ein großes Ziel: Die Meile in unter vier Minuten zu laufen! Daran war selbst der legendäre Paavo Nurmi gescheitert. Ärzte und Sportexperten erklärten das Vorhaben schließlich für undurchführbar: Der menschliche Organismus sei dazu nicht fähig; ein Mensch, der die Meile tatsächlich in weniger als vier Minuten laufen würde, müsste auf der Stelle tot zusammenbrechen.

Der Medizinstudent Roger Bannister glaubte nicht daran. Er wusste, was er sich zutrauen konnte. Fast ein volles Jahr trainierte er wie ein Besessener. Und abends, kurz vor dem Einschlafen, stellte er sich in allen genauen Einzelheiten vor, wie er die Meile in unter vier Minuten laufen würde – vom Startschuss bis zum umjubelten Weltrekord am Ziel, Schritt für Schritt, Meter für Meter ... Dann hatte er die innere Gewissheit, es schaffen zu können.

Tatsächlich: Am 6. Mai 1954, auf einem Sportfest seiner Universität, wurde Roger Bannister zur Legende – er legte die Meile in 3 Minuten, 59,4 Sekunden zurück ... An diesem Tag durchbrach er eine Schallmauer, gegen die die besten

Läufer seit einem halben Jahrhundert vergebens angerannt waren.

Jetzt raten Sie einmal, liebe Leser, wie lang es dauerte, bis einem zweiten Läufer dasselbe gelang? Wieder Jahre? Jahrzehnte gar? Ach was! 46 Tage! Ja, noch im selben Jahr liefen über 30 Läufer die Meile in weniger als vier Minuten. Innerhalb von zwei Jahren waren es mehrere Hundert. Heutzutage gilt die Vier-Minuten-Meile als Qualifikationszeit für viele nationale Meisterschaften – als Leistungsminimum, um überhaupt an den Start gehen zu dürfen ...

Der Fall beweist, dass Weltrekorde nicht zuletzt eine geistige Schranke darstellen. Was ich hier am Beispiel der Vier-Minuten-Meile ausgeführt habe, hätte ich auch am Beispiel der 500-Pfund-Marke im Gewichtheben und anhand vieler weiterer Beispiele außerhalb des Sports darstellen können. Gewiss, es gibt natürliche Grenzen – niemand wird je über den Atlantik springen, selbst nicht mit noch so großem Anlauf ... Aber die Grenzen unserer Leistungsfähigkeit dürften im Allgemeinen sehr viel weiter gesteckt sein, als wir es uns träumen lassen ...

Achten Sie auf das *Positive*, auf die *Chancen*, auf das *Potenzial*, wenn Sie über sich oder andere sprechen!

> Mein persönlicher Leitsatz lautet daher seit vielen Jahren: »Denke in Möglichkeiten, nicht in Schwierigkeiten.«

Ist es nicht seltsam, dass wir uns manchmal eher auf das Negative konzentrieren, wenn wir über unsere Mitmenschen nachdenken oder über sie sprechen: sei es der Vorgesetzte, die Kolleginnen und Kollegen – gar nicht selten sogar wir selbst? Natürlich geht es jetzt nicht darum, Schwächen generell unter den Teppich zu kehren. Doch es ist eine Frage des Respekts uns selbst und unseren Kollegen und Mitarbeitern gegenüber, sich klar zu entscheiden: Will ich bei mir und den anderen lieber die *Schwächen* stärker machen – oder doch eher die *Stärken*?

Genau wie negative Verhaltensweisen sich gegenseitig verstärken können, kann dies auch bei positiven geschehen. Orientieren Sie sich im Umgang mit sich selbst und anderen immer an *positiven* Bildern und formulieren Sie Ihre Ziele *positiv*.

Wenn Sie beispielsweise einen Vortrag halten, dann hat es wenig Sinn, sich ständig zu sagen: »Hoffentlich hab ich kein Lampenfieber! Hoffentlich bleibe ich nicht stecken!« Die Wahrscheinlichkeit, dass Sie dann doch irgendwann stecken bleiben, wird dadurch nur größer. Gerade dann! Denn schon allein durch die ständige Wiederholung sorge ich dafür, dass mein Lampenfieber oder mein Steckenbleiben nicht in Vergessenheit gerät.

Viel besser ist es, Sie stellen sich vor: Der Vortrag ist eben vorbei, Sie stehen auf der Bühne, alles klatscht ... Sie haben es erreicht!

Als ich selber einmal vor einer Präsentation nervös war, hat eine Freundin mir eine SMS geschickt, darin stand: »Genieße es!« Das hat mir in diesem Moment sehr geholfen, meine Nervosität war wie weggeblasen, und ich sagte mir: »Na, freu dich doch, du bist eingeladen, die wollen deine Meinung hören – das ist doch etwas sehr Schönes!«

Das Gedächtnis als Skilandschaft

In meinen Seminaren fällt mir immer wieder auf, dass sich gerade Frauen defizitär »verkaufen«. Zum Beispiel sagen sie: »Ich bin Frau Müller, ich bin für das und das zuständig und ich bin nur halbtags hier ...« Lieber Himmel! Selbst wenn Frau Müller das »nur« weglassen würde – jemand, der vollzeitbeschäftigt ist, sagt auch nicht: »Ich bin der Herr Direktor Albrecht und ich bin übrigens hier vollzeitbeschäftigt.« So spricht kein Mensch. Bloß die Teilzeitbeschäftigten reden in dieser Art und Weise über sich selbst.

Wenn ich diesen Punkt zur Sprache bringe, argumentieren die Frauen gerne: »Ja, aber die Leute, die mich sprechen wollen, müssen doch wissen, dass sie mich nur an einem Teil des Tages erreichen können.« Als ob das bei der Selbstpräsentation überhaupt schon das Thema wäre! Nötigenfalls können Teilzeitbeschäftigte immer noch sagen: »Sie können mich morgen Nachmittag gut erreichen. Dann bin ich hier im Büro.« Das reicht völlig.

Alles, was wir denken und sagen, hinterlässt seine Spuren in uns. Alles! Wir haben es selbst in der Hand, was das für Spuren sind! Stellen Sie sich Ihr Gedächtnis vor wie eine Skilandschaft: Je häufiger ein Weg durch den Schnee gefahren wird, desto deutlicher prägt er sich heraus; jeder neue Skifahrer verstärkt ihn. Je öfter Sie sich in Ihrem Denken und Handeln zum Respekt anhalten, desto »geläufiger« werden Sie darin, desto leichter wird Ihnen respektvolles Verhalten in Zukunft fallen.

Die Kraft positiver Glaubenssätze

Positive Gefühle entstehen nicht »schicksalhaft«. Wir können sie steuern. Wir können sie bei uns selbst und bei unseren Kolleginnen und Kollegen hervorrufen. Zum Beispiel durch kraftvolle und positive Leitsätze oder Bilder. Wie integrieren Sie die in Ihren Alltag? Legen Sie sich Ihren Satz oder Ihr Bild in Ihren Geldbeutel oder machen Sie einen Bildschirmschoner daraus. Dann begrüßt Sie schon am Morgen der Computer mit einem aufmunternden Bild oder einem netten Fließtext. Oder Ihr Handy-Display begrüßt Sie so oder Ihr Terminkalender ...

Wenn Sie einen solchen Satz formulieren, dann ist es wichtig ...

- dass es ein *Hauptsatz* ist
- dass er in der *Gegenwartsform* steht
- und – natürlich! – dass er *positiv* formuliert ist.

Also keinesfalls: »Ich will nicht durch die Prüfung fallen«, sondern: »*Ich bestehe die Prüfung!*« Sie können auch ein Bild mit einem Satz kombinieren – Ihrer Fantasie sind keine Grenzen gesetzt.

Das besondere Geschenk vom Team

Bevor Sie Ihrer Kollegin oder Ihrem Kollegen zum Geburtstag wieder einmal den üblichen Blumenstrauß oder die alljährliche Flasche Wein überreichen – wie wäre es denn, anstelle dieser Standardgeschenke einmal eine schöne Box zu kaufen ... Eine Box, in die alle Kolleginnen und Kollegen mindestens drei Komplimente für das Geburtstagskind hineinlegen – Stärken, die sie am Geburtstagskind wahrgenommen haben im vergangenen Jahr oder Dinge, für die sie im vergangenen Jahr dem Kollegen dankbar gewesen sind? All diese Komplimente, Stärken und Momente der Dankbarkeit kommen in die Box hinein ... Das wäre doch einmal ein wirklich ungewöhnliches und persönliches

Teamgeschenk – und sicherlich nachhaltiger als die Flasche Wein oder der Blumenstrauß.

Eine solche Zettelbox hat es in sich! Sie zu öffnen ist immer ein Aha-Erlebnis – vorausgesetzt natürlich, sie ist vorher mit schönen Inhalten gefüllt worden ... Vorschlag: Notieren Sie sich einmal eine oder zwei Wochen hindurch alles, wofür Sie dankbar sind und worüber Sie sich gefreut haben! Und werfen Sie all diese schönen Lebensmomente in Ihre ganz persönliche Zettelbox! Da wird nicht immer ein Lottogewinn dabei sein. (Obwohl ich's Ihnen wünsche!) Aber viele freundliche Kleinigkeiten, die Sie – zumindest für einen kurzen Moment – froh gemacht haben. Schönes Wetter zum Beispiel. Nette Kunden. Die staufreie Fahrt zur Arbeit oder die freundliche Nachricht heute morgen auf dem Schreibtisch. All das kommt in die Zettelbox.

Oder auch Gewichtigeres, das wir gern als selbstverständlich nehmen: Dass Sie einen Arbeitsplatz haben. Dass Sie gesund sind. Sie können versuchen, für jeden Buchstaben des Alphabets einen schönen Lebensmoment zu finden: A wie »Auftrag«, B wie »Blumen«, C wie »Chef«, D wie »Doris«, E wie »Erfolg«, F wie »Ferien«, G wie »Geschenk« ... und so weiter.

Glücksmomente

Manchmal beginne ich ein Seminar mit der Einstiegsfrage: »Gab es heute früh schon etwas, worüber Sie sich freuen konnten? Oder »Was ist das Schönste, das Sie heute Morgen schon gesehen haben?« Manchmal antworten mir die Teilnehmer: »Da war nichts Besonderes, Frau Lienhart, das war wie immer.« Dann sage ich: »Überlegen Sie doch noch einmal genau! Ach was, Ihre kleine Tochter hat Sie heute Morgen schon angelächelt? Schau an!« Kleine Momente der Freude ...

Gegenseitige Wertschätzung und wechselseitiger Dank – auch für »Kleinigkeiten« – sind Grundvoraussetzungen für respektvolle Beziehungen. Drücken Sie Ihren Dank so oft aus, wie Sie nur können: »Danke für Ihre Mitteilung!« – »Danke, dass Sie das für mich erledigt haben!« – »Vielen Dank, dass Sie daran gedacht haben ...« – »Danke, dass Sie sich die Zeit nehmen!« Oder auch, ein wenig anders formuliert: »*Ich freue mich*, dass Sie sich Zeit nehmen für unser Projekt!« – »*Ich freue mich* über Ihre Nachricht!« Oder in Frageform, die Wertschätzung vermittelt: »Wie haben Sie es eigentlich geschafft, so gute Beziehungen zu Ihren Kunden aufzubauen?«

Übung: Der positive Tag

Versuchen Sie, einmal einen ganzen Tag lang nur positive Dinge zu sagen. Nur angenehme, fröhliche und warmherzige Äußerungen! Gönnen Sie sich eine Auszeit vom üblichen Jammern und Klagen!

Beispiel: Wenn Sie gefragt werden: »Na, wie geht's Ihnen denn so?« – sagen Sie dann nicht: »Ach, meine Erkältung klingt allmählich ab«, sondern: »Ah, heute haben wir doch besonders schönes Wetter, und ich bin schon fast wieder gesund, da freu ich mich drüber!« Das klingt doch gleich ganz anders, nicht wahr?

Machen Sie Komplimente, äußern Sie Dankbarkeit, strahlen Sie Freude aus! Wenigstens einen Tag lang sollte Ihnen das doch gelingen! Prüfen Sie sich selbst am Abend dieses Tages: Wie fühlen Sie sich? Haben Sie Lust, das Experiment zu wiederholen? Lassen Sie den Tag Revue passieren: Wie sind Sie heute angekommen bei Ihren Mitmenschen – wie haben zum Beispiel Ihre Kollegen auf Sie reagiert?

4. Auf den anderen zugehen: Machen Sie Geschenke

»Gegen Respektlosigkeit hilft nur eines: Respekt.«
Mauritius Wilde

»Geben ist seliger als Nehmen«, heißt es in der Bibel. In diesem Ausspruch drückt sich eine uralte Erfahrung aus: nämlich dass das Geben an und für sich schon eine Freude ist. Dies gilt im materiellen und im immateriellen Sinn.

Gerade wenn das Verhältnis zu einem anderen Menschen auf der Kippe steht, wenn es schwierig wird, wenn der Respekt verloren zu gehen droht – *gerade dann* habe ich die Wahl: Wende ich mich definitiv von meinem Gegenüber ab – oder schenke ich ihm trotz allem noch ein weiteres Mal mein Verständnis und meine Zuwendung und gebe unserem Verhältnis eine neue Chance?

Meine Empfehlung lautet: Versuchen Sie immer wieder auf den anderen *zuzugehen*. Seien Sie großzügig und wagen Sie es. Gehen Sie in Vorleistung ... Schenken macht reich – selbst wenn es gar nichts kostet.

Schenken Sie Zeit

Eine Beziehung aufbauen heißt, Zeit miteinander zu verbringen. Unter Kollegen reichen auch kleinste Zeiteinheiten, in denen Sie immer wieder signalisieren: »Ihre Situation ist mir wichtig und liegt mir am Herzen.«

Sie können Ihren Respekt schon allein dadurch bekunden, dass Sie Ihrem Kollegen aufmerksam zuhören und sich Zeit nehmen für kleine Rituale: Erfolge gemeinsam feiern, ab und zu auch mal gemeinsam essen gehen.

Menschen, die sich respektiert und ernst genommen fühlen, fällt es leichter, sich zu öffnen. Früher oder später.

Menschen brauchen allerdings unterschiedlich lang dazu, Vertrauen zu entwickeln – mit Zeitdruck und Ungeduld lässt sich in dieser Hinsicht nichts erreichen. Sicher kennen Sie das afrikanische Sprichwort: *»Das Gras wächst nicht schneller, wenn man daran zieht.«*

Keine Tricks!

Hin und wieder biete ich ein Seminar zum Thema »Einstellungsgespräche« an. Dann wollen die Teilnehmerinnen und Teilnehmer manchmal von mir hören: »Welche Tricks gibt es für solche Gespräche? Wie können wir die Bewerberinnen und Bewerber rasch dahin bringen, sich unverstellt zu präsentieren? Wie können wir möglichst schnell erkennen, wie er oder sie wirklich ist? Gibt es da vielleicht ein paar Kniffe, um die neuen Mitarbeiter ein bisschen aufs Glatteis zu führen?« Ich frage dann gerne: »Was ist denn eigentlich Ihr Ziel? Sie wollen jemanden für Ihr Unternehmen. Jemanden, der das Anforderungsprofil erfüllt. Sie wollen möglichst keine Fehlentscheidung treffen. Dazu müssen Sie den Menschen kennenlernen. Wenn Sie wollen, dass er sich öffnet, müssen Sie sein Vertrauen gewinnen. Dazu brauchen Sie Zeit – und dann dürfen Sie die Menschen gerade nicht unter Stress setzen. Wenn Bewerber sich bei Ihnen wohlfühlen, dann werden sie sich unverstellt präsentieren. Aber nur dann. Daher sollten Sie lieber sich selber fragen: ›Wodurch erreiche ich, dass die neuen Mitarbeiter mir vertrauen?‹ Das geht nicht mit Hektik und Schnelligkeit und schon gar nicht mit ›Tricks‹ – im Gegenteil!«

Schenken Sie Aufmerksamkeit

Gewiss können Sie Ihre Kollegen einteilen in solche, die Ihnen *aufmerksam* zuhören, und solche, die eher oberflächlich bei der Sache sind. Natürlich freuen Sie sich mehr über diejenigen, die Ihnen Aufmerksamkeit schenken.

Probieren Sie es selbst einmal aus, ganz bewusst! Versuchen Sie, wenigstens ein, zwei Tage lang *ganz Ohr* zu sein. Sprechen Sie nicht von sich selbst, sondern hören Sie einfach zu, mit Interesse und Wohlwollen!

»Behandele die anderen so, wie du selbst behandelt werden willst«, – dieser Grundsatz wurde schon von großen Denkern als oberste ethische Leitlinie empfohlen. Auch im Zusammenhang mit unserem Thema liefert diese Regel den lebenspraktischen Hinweis: »Behandele deine Mitmenschen mit eben demselben Respekt, den sie dir auch entgegenbringen sollen!«

Wenn Sie allerdings Ihre Kollegen beobachten, werden Sie natürlich Unterschiede zu sich selbst feststellen. In Einzelfällen sollten Sie Ihre Kollegen deshalb nicht so behandeln, wie *Sie selbst* behandelt werden wollen – sondern so, wie Ihre *Kollegen* das möchten. Hierzu ein Beispiel:

Sie wissen, dass Ihr Kollege erhebliche Schwierigkeiten hat, sich direkt bei Arbeitsbeginn auf komplizierte Sachverhalte zu konzentrieren. Im Gegensatz zu Ihnen ist er eher ein »Morgenmuffel«; er erlangt seine volle Präsenz erfahrungsgemäß erst am vorgerückten Vormittag. Sie selber dagegen sind am frühen Tag schon fit und wach. In solch einem Fall wäre es fast ein wenig grausam, sich wortgetreu an der goldenen Regel zu orientieren und Ihrem Kollegen die kompliziertesten Mehrwertsteuerkalkulationen bereits um halb neun Uhr morgens auf den Schreibtisch zu knallen. Wenn Sie aufmerksam und respektvoll sind, werden Sie ihm diese Arbeit nach Möglichkeit erst etwas später abverlangen.

In Einzelfällen können Sie die goldene Regel also getrost ein wenig umformulieren: »Behandele den anderen so, wie *er selbst* behandelt werden möchte.« Darin kann sich sogar ein noch größerer Respekt vor unserem Gegenüber ausdrücken, als wenn wir uns partout immer nur an uns selber orientieren.

Feedback als Geschenk

Auch Feedback (= Rückmeldung) zu geben, ist eine Art Geschenk. Vorausgesetzt allerdings, diese Rückmeldung wird grundsätzlich gewollt. Stellen Sie sich einmal vor, Sie wären mit einer Kollegin im Gespräch, die Ihnen mit starrer Mimik wortlos gegenübersitzt ... Die also auf Ihre Worte hin weder nicken noch »Ja« sagen würde, die niemals lächeln oder die Stirn runzeln würde; die Ihnen keines der üblichen kleinen Signale des Verstehens zukommen ließe. Nicht wahr – das wäre stark verunsichernd für Sie? Sie würden recht bald aufhören zu sprechen. Und Sie sähen im Verhalten der Kollegin womöglich auch einen Ausdruck mangelhaften Respekts Ihrer Person gegenüber – obwohl die Kollegin vielleicht einfach schüchtern ist. Aber erst, wenn sie nicht schweigt, sondern laut denkt und sich äußert, können Sie erkennen, wie Ihre Worte – womöglich darüber hinaus Ihre ganze Person – bei ihr »ankommen«.

Wir alle brauchen Feedback. Feedback ist lebensnotwendig, genauso wie Nahrung und Flüssigkeit. Kinder, mit denen man nicht spricht, verkümmern.

Zu den kleinen Alltagsmünzen des Feedbacks zählt das Wörtchen »Dankeschön«. Wie negativ fällt sein Fehlen auf! Wenn Sie Trinkgeld geben beispielsweise, und der Empfänger oder die Empfängerin bedankt sich nicht dafür. Mich befremdet das immer wieder aufs Neue.

Zum Feedbackgeben gehört manchmal Mut. Nehmen wir den Fall: Jemand im Team hat einen unangenehmen Körpergeruch. Alle nehmen es wahr, doch keiner sagt etwas. Wenn einer aus dem Team sich schließlich ein Herz fasst und den betreffenden Kollegen oder die betreffende Kollegin darauf hinweist – selbstverständlich freundlich und mit Wertschätzung –, dann macht er ihm/ihr (und in diesem Fall dem gesamten Team) ein großes Geschenk.

Verschenken Sie Komplimente

Wie wär's, wenn Sie in Zukunft Ihre Besprechungen im Team mit einer Komplimentenrunde beginnen oder ausklingen lassen würden? Erwähnen Sie einfach einmal die normalen Alltagsarbeiten, die Ihnen positiv aufgefallen sind: »Alle Achtung, was Sie da geschafft haben!« Kaum etwas anderes befördert das Wir-Gefühl und den Respekt voreinander so intensiv wie die wechselseitige, laut geäußerte Anerkennung.

Manchmal übe ich das mit Teams in meinen Seminaren. Warum nicht einmal mit einem Kompliment beginnen? Zum Beispiel: »Ich habe mitgekriegt, wie Sie heute Morgen mit dem Kunden XY telefoniert haben. Ich weiß, das ist ein schwieriger Kunde, und ich war beeindruckt, wie Sie dieses Gespräch geführt haben.« Oder: »Ich mache Ihnen ein Kompliment für die schöne Krawatte, die Sie heute tragen.« Oder: »Einfach fantastisch, wie gut Sie vorbereitet sind!« und so weiter.

Man *denkt* solche Sachen ja manchmal durchaus! Aber man *denkt* sie nur. Und dann vergisst man, sie zu sagen.

Wie also kann ich mir einen Anker setzen, einen kleinen Hinweis für mich selbst, damit ich daran denke, den Kollegen zu loben? Ich kann mir einen Knoten in mein Taschentuch machen oder mir irgendwo einen schönen Stein hinlegen oder eine Postkarte auf den Schreibtisch stellen ... Es gibt viele Möglichkeiten. Oder aber einen hübschen Bildschirmschoner installieren, mit einem Schriftzug als laufendes Schreibband, auf dem steht: »Heute schon die Mitarbeiterinnen gelobt?« (Das habe ich bei meinem Hausarzt gesehen. Hoffen wir mal, dass es nicht die Mitarbeiterinnen selbst waren, die ihm den Bildschirmschoner so eingerichtet haben!)

> **Übung: Minikomplimente**
>
> Lesen Sie die folgenden »Freundlichkeiten« durch und machen Sie im Alltag so oft wie möglich Gebrauch davon! Jede dieser winzigen Äußerungen trägt dazu bei, dass es ein wenig heller wird im Raum:
>
> *Genau! – Toller Vorschlag! – Find ich prima! – Eine interessante Frage! – Wunderbar! – Vielen Dank! – Ich freue mich! – Einverstanden! – Selbstverständlich! – Ich stimme mit Ihnen überein! – Sie sind wirklich Expertin auf diesem Gebiet! – Gute Idee! – Ja, das greife ich gern auf! – Oh, das notiere ich mir gern! – Genau das meine ich! – Ein wesentlicher Punkt! – Sie haben recht! – Genau, so machen wir's! – Ein sehr wichtiger Punkt! – Herzlichen Dank, Frau/Herr ...*

Zeigen Sie Mitgefühl

Über die Bedeutung des Mitgefühls *sich selbst gegenüber* hatten wir ja bereits im ersten Teil gesprochen. Es ist keine Schande, sich emotional zu zeigen, wenn die Dinge einmal nicht so gelingen – es ist wohltuend, sich selbst und anderen auch einmal Schwächen zuzugestehen. Sich einzugestehen, dass *andere gleichermaßen* Bedürfnisse haben wie ich selber und dass sie den gleichen Respekt erfahren wollen wie ich auch.

Natürlich ist das manchmal nicht leicht. Denn das kann etwa auch heißen, Mitgefühl zu zeigen einem Kollegen gegenüber, der einen vielleicht nervt, der vielleicht cholerisch ist, durch den ich selbst erhebliche Mehrarbeit habe ... Für diesen Menschen Mitgefühl aufzubringen, das ist wirklich schwer!

Eine Kollegin von mir gebraucht manchmal den schönen Satz: »Er kann's halt nicht anders!« Das ist wirklich ein wohltuender Satz, denn er sagt über einen anderen Menschen: »Da sind seine Grenzen, so weit kann der gehen.« Der Satz verurteilt nicht, sondern er respektiert, versteht und verzeiht.

Schenken Sie Vertrauen

Respekt und Vertrauen sind unmittelbar miteinander verknüpft. Schenken Sie Ihren Kolleginnen und Kollegen Vertrauen, denn auf Dauer fühlen wir uns nur in einer vertrauensvollen Atmosphäre wohl. Wer seiner Umgebung ständig mit lauerndem Misstrauen begegnet, verbreitet Unwohlsein – und dürfte selber auch nicht unbedingt zu den glücklichen Menschen zählen ...

Manchmal braucht es auch einen Vertrauensvorschuss, besonders in Zeiten, in denen Sie es schwerer miteinander haben. Vertrauen Sie darauf, dass Sie auch künftig wieder gut zusammenarbeiten werden, vor allem, wenn es doch in der Vergangenheit gut geklappt hat.

Und – auch das gehört zum Respekt vor anderen: Ich

darf das mir entgegengebrachte Vertrauen nicht enttäuschen.

Ohne gegenseitiges Vertrauen kann auf Dauer kein Team funktionieren und auch kein Unternehmen. Und ohne wechselseitigen Respekt können Menschen weder zusammenarbeiten noch zusammenleben.

Schenken Sie Entgegenkommen

Reichen Sie Ihren Kolleginnen und Kollegen die Hand, besonders, wenn diese im Fettnäpfchen sitzen. Helfen Sie Ihnen möglichst dezent wieder heraus. Oder (falls möglich): Sie ignorieren den Vorfall, gehen einfach darüber hinweg. Denn wer weiß? Der Teufel ist bekanntlich ein Eichhörnchen. Das nächste Mal stecken vielleicht Sie selbst im Fettnäpfchen – und sind froh, wenn sich eine helfende Hand Ihnen entgegenstreckt.

Es gibt immer ein »nächstes Mal«. Sorgen Sie dafür, dass niemand das Gesicht verliert. Eine uralte Kriegsweisheit empfiehlt, einem geschlagenen Feind den Rückzug zu ermöglichen, statt ihn in eine Verzweiflungsschlacht zu zwingen. Wer in die Enge getrieben wird, wehrt sich mit der sprichwörtlichen »Kraft der Verzweiflung«. Es ist besser für alle Beteiligten, diese Kraft nicht zu wecken, sondern eine Brücke zu bauen, einen Ausweg zu zeigen, eine Hand auszustrecken. Und respektvoller ist es ohnedies.

Verzeihen Sie!

»*Von einer schweren Kränkung kann man sich nur erholen, indem man vergibt.*«
Alan Paton

Seien Sie großzügig darin, anderen Menschen zu verzeihen. Schuldzuweisungen bringen gar nichts, erst recht nicht der Hinweis auf die Rechtslage – dadurch wird die Atmosphäre nur noch mehr aufgeheizt. Scheuen Sie sich auch nicht, selbst um Entschuldigung zu bitten, wenn der Fehler bei Ihnen liegt.

Entschuldigungen sind heilsam – was eine Salbe oder ein Pflaster für den Körper tut, leisten Entschuldigungen für die Seele. Unschöne Worte oder Taten können zwar nicht ungeschehen gemacht werden – und manchmal fällt die Bitte um Verzeihung richtig schwer. Doch wenn das Verhältnis zwischen zwei Kollegen in Schieflage geraten ist, können *beide gemeinsam* dafür sorgen, dass es wieder geradegerückt wird. Die Worte »Entschuldigung!« oder »Es tut mir leid« oder »Ich bitte um Nachsicht« bauen Brücken des Respekts dafür.

Sich zu entschuldigen heißt nicht, untätig auf die Bitte um Verzeihung des anderen zu warten: »Meine Kollegin – ach, wann entschuldigt die sich endlich dafür, dass sie mir schon wieder einen Riesenberg unerledigter Aufgaben überlassen hat?« – »Mein Chef – Herrgott, wann sagt der endlich, dass es ihm leidtut, wenn er sich mir gegenüber im Ton vergreift ...« Verzeihen heißt manchmal sogar, der Bitte um Entschuldigung *zuvorzukommen* und bewusst einen Schritt auf den anderen zuzugehen – also *aktiv* die Verantwortung für ein gutes Miteinander zu übernehmen.

5. Mit dem richtigen Ton Respekt bekunden

»*Durch den Tonfall kann man viel mehr zum Ausdruck bringen als mit den Worten selbst.*«
Malcolm Forbes

An großen Schauspielern bewundern wir nicht so sehr das, *was* sie sagen, sondern die Art und Weise, *wie* sie es sagen. Körpersprache, Stimme und Sprechweise haben einen überragenden Anteil an der Überzeugungskraft der Worte. Der Ausdruck muss zum Inhalt *passen*.

Wenn Ihr Chef zu Ihnen sagt: »Das ist aber schön, dass Sie auch schon da sind ...«, er dabei aber nicht lächelt, sondern seine Augenbrauen hochzieht und auf seine Uhr zeigt, dann wissen Sie, dass er vermutlich etwas anderes meint, als er sagt ...

Sprache kann eine Quelle von Missverständnissen sein. Wer dies bedenkt, wird sich bemühen, möglichst ohne Umschweife zu sprechen, klar und verständlich. Er oder sie wird sich im Kollegenkreis keinen intellektuellen Spielereien hingeben oder Fremdwörter, Anglizismen, Abkürzungen und Fachbegriffe verwenden, mit denen der andere nichts anfangen kann. Er – oder sie – wird nicht belehrend sein, abstrakt oder unpersönlich. Denn diese Art des Sprechens drückt wenig Respekt vor den Zuhörern aus; sie ist eher geeignet, sich den Respekt der anderen zu verscherzen, als ihn zu erwerben.

Klartext sprechen

»Solang ma mitenander schwätzt, isch nix hi!«,
so sagt der Schwabe

Machen Sie *Verständlichkeit* zu Ihrem Leitwort! Sagen Sie nicht vage: »Ich bin heute nicht so gut drauf ...« – sondern ganz konkret: »Ich habe heute Kopfweh«, »Ich hatte Streit mit Frau X«, »Ich bin frustriert, weil ich das ganze Wochenende über arbeiten musste«. Vermeiden Sie diffuse Formulierungen wie »Ich fände es gut, wenn Sie sich in Zukunft mehr anstrengen würden« – nennen Sie Ross und Reiter! (Nämlich: »anstrengen« – bei welcher Tätigkeit? »Mehr« – in welchem Grade? »Zukunft« – was für einen Zeitraum umfasst dieses Wort im konkreten Fall?)

Formulieren Sie:
- nicht vage, sondern *deutlich*
- nicht persönlich, sondern *sachlich*
- nicht pauschal, sondern *konkret*
- nicht herabsetzend, sondern *positiv*

Manchmal höre ich Menschen klagen: »In meinem Büro werde ich so oft gestört. Ich kann dort gar nicht konzentriert arbeiten.« Dann frage ich: »Woran können die Kollegen denn *erkennen*, dass Sie sich einmal besonders konzentrieren müssen?« Da höre ich dann die unterschiedlichsten Antworten: »Na, wenn meine Bürotüre geschlossen ist!« Oder: »Wenn halt mein Schreibtisch voll ist!« Oder: »Wenn ich meinen Kollegen nicht anschaue!« Und so weiter. Finden Sie sich womöglich in diesem Beispiel selber wieder? Dennoch: Ist dies nicht eine reichlich vage Art zu kommunizieren? Müssten die Kollegen für den Fall, dass einer von ihnen nicht gestört werden will, nicht *vorher* eine glasklare Vereinbarung getroffen haben – ein Signal, das so viel Eindeutigkeit besitzt wie das berühmte Schild vor Bürotüren: »Bitte nicht stören!«?

Aus dem Herzen sprechen

Was das Herz berührt, prägt sich ins Gedächtnis ein.
Voltaire

Nur wer klare, eindeutige Worte wählt und gleichzeitig *aus dem Herzen* spricht, ist überzeugend und authentisch. Er braucht sich über den richtigen Tonfall oder den angemessenen Körperausdruck keine Gedanken mehr zu machen: Tonfall und Körpersprache passen sich dann nämlich automatisch an und unterstreichen das gesprochene Wort.

Voraussetzung, um »aus dem Herzen« sprechen zu können, ist jedoch, dass Sie in Fühlung mit sich selbst sind (siehe Teil I). Prüfen Sie immer wieder Ihre eigene Motivation. Denn gerade, wenn Sie Kritik äußern, ist es besonders spürbar, ob Sie dies aus einer respektvollen Haltung und aus dem Herzen heraus tun oder nicht.

»Sag mir die Wahrheit mit Liebe«
Liz Howard

Kritisieren Sie nicht die Person, sondern immer nur die Sache. Versuchen Sie nicht, den anderen zu verändern, und verzichten Sie auf Vorwürfe und persönliche Angriffe! Werfen Sie niemandem leichthin unsensibles oder inakzeptables Verhalten vor. Versuchen Sie vielmehr, sich in den anderen hineinzuversetzen – vielleicht hat er ja, *von seiner Seite aus gesehen,* gar nicht einmal so unrecht.

> **Übung: Der Tag ohne Kritik**
>
> Kritisieren ist immer leicht. Wenn Sie merken, dass kritische Bemerkungen bei Ihnen die Tendenz haben, sich zu verselbstständigen, dann arbeiten Sie dagegen an! Nehmen Sie sich vor, auf Kritik so weit wie möglich zu verzichten – vielleicht zunächst an einem Tag pro Woche, später an zwei, dann an drei Tagen ... Sie werden merken, dass es oft gar nicht nötig ist, Kritik zu üben, und dass Sie mit Freundlichkeit und Einfühlungsvermögen ebenso weit kommen ...

Vorgesetzte kritisieren – bloß wie?

»Es ist viel wertvoller, stets den Respekt der Menschen als gelegentlich ihre Bewunderung zu haben.«
Jean-Jacques Rousseau

Immer wieder beklagen sich Menschen bei mir im Coaching über ihre Vorgesetzten ... Die Vorgesetzten, deren Handy während einer Besprechung ständig klingelt ... Die immer wieder zu spät kommen ... Die so unsicher sind in den Anweisungen ... Oder ihre Mitarbeiterinnen und Mitarbeiter vor aller Augen und Ohren herunterputzen.

Ärgerlich – klar! Und dann werde ich gefragt: »Was tun? Soll ich wirklich meinen Chef kritisieren? Also, ich weiß nicht ... Wie soll ich das denn anstellen?«

Wenn Sie beabsichtigen, Kritik an Ihrem Vorgesetzten zu üben, und wenn Sie dies mit Respekt tun möchten, empfiehlt es sich, mit einem Höchstmaß an Behutsamkeit vorzugehen. Und vor allem darauf zu achten, dass er nicht das Gesicht verliert. Das heißt auf Deutsch: Das Kritikgespräch sollte unter vier Augen stattfinden.

Fallen Sie nicht mit der Tür ins Haus – bitten Sie um einen Termin. Sorgen Sie möglichst dafür, dass das Gespräch in ruhiger Atmosphäre vonstatten gehen kann – also nicht, wenn der Chef in zwei Stunden nach Bangkok aufbrechen muss. Seien Sie gut vorbereitet, auch auf Gegenargumente und Widerstand ...

Formulieren Sie Ihre Kritik am besten als konstruktiven Vorschlag – und streichen Sie die Vorteile heraus, die dem Unternehmen erwachsen, wenn sich der Chef Ihre Position zu eigen macht. Und bloß nicht persönlich werden! Was für Kritikgespräche ganz allgemein gilt, gilt hier im Besonderen: Kritisieren Sie allenfalls das *Verhalten* des Vorgesetzten, aber nicht die *Person*. Trennen Sie dies glasklar – lassen Sie durchaus Ihre Wertschätzung seiner Person gegenüber durchblicken; das kann Ihrem Anliegen nur dienen.

Ihre Initiative wird dann am wirkungsvollsten sein, wenn Sie den Chef als Verbündeten gewinnen können. Bitten Sie um *Unterstützung* – damit bekunden Sie sowohl Ihren Respekt vor der Position des Vorgesetzten und vermitteln diesem zugleich das Gefühl, in der ihm vertrauten Rolle wirksam werden zu können. Umso mehr, wenn er sich Ihrem Anliegen anschließt ... Seien Sie klar in Ihren Worten – achtungsvoll, aber nicht demütig. Beenden Sie das Gespräch – auch wenn es spannungsreich gewesen sein sollte – mit einem freundlichen Signal. Bedanken Sie sich zumindest für die Zeit, die der Chef für Sie erübrigt hat – und natürlich, wenn Sie das können, für die in Aussicht gestellte Veränderungsbereitschaft.

6. Den respektvollen Dialog suchen

In einer lustigen Szene hat der Kabarettist Kaya Yanar einmal geschildert, wie ein deutscher Vater seinen Sohn zur Rede stellt, der sich beim Spielen verspätet hat. »Er hat seinem Sohn gegenüber den schlimmsten Satz ausgesprochen, den Deutsche überhaupt zueinander sagen können, den allerschlimmsten. Nämlich: ›*Wir müssen reden!*‹«

Ist es wirklich so schlimm? Oder hat sich Kaya Yanar nur auf Kosten der Deutschen einen kleinen Scherz erlaubt?

Seiner Herkunft nach bezeichnet der Ausdruck »Dialog« jedenfalls nichts Schlimmes. Er stammt aus dem Griechischen und bedeutet – ganz neutral – ein »*Wort*« (= *logos*), das sich zwischen den Menschen »*hindurch*« (= *dia*) bewegt. Auf welche Art und Weise es sich bewegt, besonders im Konfliktfall – darauf allerdings kommt es an ...

Doch, manchmal *müssen* wir reden! Und oft *sollten* wir es auch. Insbesondere wenn es uns wichtig ist, den Respekt voreinander zu pflegen und zu erhalten. Konflikte klären sich nicht von allein. Sie lösen sich nicht, indem man sie aussitzt. Oder indem man sie leugnet. Oder indem man sie bagatellisiert. Zähne zusammenbeißen kostet nur Kraft! Wenn ein Konflikt immer wieder unterdrückt wird, dann schwirrt er womöglich im Unterbewusstsein in der Rubrik »Unerledigt« als kleiner grüner Giftzwerg herum. Er kann sogar krank machen.

Der beste Zeitpunkt für einen reinigenden Dialog ist der *kurz nach* dem konfliktauslösenden Vorfall – wenn beide Parteien etwas Ruhe gefunden haben und nicht mehr unter dem unmittelbaren Eindruck der Situation stehen. Verpassen Sie *diesen* Moment, dann kann es sein, dass sich Ihre Haltung dem anderen gegenüber unversehens wandelt: Aus Achtung wird Missachtung. Dann erlischt der Gesprächsbedarf auch irgendwann, weil wir mit unserer Meinung bereits »fertig« sind – »Kollege Schmidt ist eben ein Sonderling, mehr gibt es dazu nicht zu sagen«. Wir haben uns eine feste Ansicht gebildet, von der wir ungern wieder Abschied nehmen und der Respekt voreinander geht unvermerkt verloren.

Einen Dialog mit Respekt zu führen bedeutet, einander »wirklich« zu begegnen. Sich nichts vorzumachen. Nicht schein-freundlich zu sein oder »scheißfreundlich«. Sondern authentisch, ehrlich bemüht um Verständigung. Die Meinung des anderen mit Achtung entgegenzunehmen – nicht bewertend, sondern zunächst einmal in einer möglichst freundlichen und offen-neugierigen Haltung: »Ich bin okay, du bist okay – egal, was uns im Augenblick vielleicht trennen mag ...« So. Nur wenn wir uns bemühen, herauszufinden, welche Gedanken und Gefühle hinter dem Verhalten und hinter den Schlussfolgerungen des anderen jeweils stecken mögen, werden wir fähig sein, (gemeinsam) neue Sichtweisen zu entwickeln und Lösungen zu finden.

So klappt's mit der Verständigung: Die zehn wichtigsten Tipps

⇨ Überlegen Sie sich vorher den ungefähren Ablauf des Gesprächs.

⇨ Hören Sie aktiv und mitfühlend zu. Zuhören heißt noch nicht gutheißen.

⇨ Lassen Sie Ihr Gegenüber ausreden und fragen Sie nach, wenn Ihnen etwas unklar ist.

⇨ Halten Sie Pausen aus, denn sie können ein Zeichen für Unklarheiten, Angst oder Ratlosigkeit sein.

⇨ Nehmen Sie versteckte und vage Signale (Mimik, Tonfall, Körpersprache) Ihres Gegenübers wahr.
⇨ Beachten Sie Gefühle – Ihre eigenen und die Ihres Gegenübers – und sprechen Sie diese an.
⇨ Gebrauchen Sie positive Formulierungen.
⇨ Weisen Sie keine Schuld zu.
⇨ Bemühen Sie sich, deutlich zu sein in dem, was Sie sagen, und in dem, was Sie über Ihre Worte hinaus vermitteln.
⇨ Zeigen Sie Einfühlungsvermögen, versetzen Sie sich innerlich in Ihr Gegenüber hinein!

Härtefälle

1. Wenn Sie einen Kollegen einfach nicht respektieren können

Vielleicht denken Sie sich nun: »Schön und gut! Frau Lienharts Hinweise sind Gold wert. Aber nicht für mich! Denn leider habe ausgerechnet *ich* einen Kollegen, mit dem das alles nicht funktioniert. Schon wenn der morgens hereinkommt, kriege ich Gänsehaut. Ich kann ihn einfach nicht leiden – und respektieren schon gar nicht!«

Ja, es gibt solche Härtefälle. Es sind echte Herausforderungen! Wenn Sie tatsächlich solch einen Kollegen täglich um sich haben – was können Sie tun?

Zunächst: Gehen Sie in *Selbstbeobachtung*. Reflektieren Sie einmal in aller Ruhe Ihr Verhalten, Ihre Gefühle und Ihre

Gedanken. Tun Sie dies, wenn Sie ungestört sind – also möglichst *nicht* im Büro, wenn das geschäftige Leben um Sie tobt, sondern besser in einer ungestörten Atmosphäre, wenn Sie für sich sind. Nehmen Sie sich eine halbe Stunde Zeit für die folgende Übung.

Der besonders schwierige Kollege/Die besonders schwierige Kollegin

⇨ Was genau *ist* das, was mich an meinem Kollegen/meiner Kollegin so stört? Bin ich eher irritiert oder verärgert? Eher aufgewühlt oder entsetzt?
⇨ Fühle ich mich durch sie/ihn verunsichert? In welcher Hinsicht – kann ich das näher einkreisen?
⇨ Was genau ist es, was mich schier in den Wahnsinn treibt?
⇨ Was kann oder macht er/sie nicht so gut? Wo steht sie/er sich manchmal selbst im Wege?
⇨ Andererseits: Gibt es etwas, das mir an ihm/ihr durchaus gefällt?
⇨ Wo liegen seine/ihre Stärken? Was kann und macht sie/er besonders gut?
⇨ Für welche Aufgabe ist er/sie hervorragend geeignet?

Vielleicht denken Sie bei den drei letzten Fragen: »Ach, da fällt mir nun überhaupt nichts Positives ein!« Aber weichen Sie bitte nicht aus – beantworten Sie diese Fragen trotzdem. Erst wenn Ihnen auch nach längerem Nachdenken kein Einfall kommt, wenden Sie sich an einen Kollegen oder an eine Kollegin, deren Urteil Sie vertrauen: »Hast *du* vielleicht eine Idee, was man über diesen sehr speziellen Menschen Positives sagen könnte?«

Die Antwort auf die Frage »Was macht mich an ihm oder ihr regelrecht wahnsinnig?« ist besonders aufschlussreich ... Denn wenn Sie sich selbst gut genug kennen, dann verstehen Sie, warum Sie bei manchen Menschen und in manchen Situationen leicht in Stress geraten. Diese Frage verweist immer auf denjenigen zurück, der so empfindet. Daher lässt sie sich entsprechend umformulieren: »Wo genau dockt das Verhalten des Kollegen bei *mir selber* an?!«

»Ansprüche ohne Ende!«

Ich erinnere mich an eine Geschäftsführerin, die sich bei mir im Coaching einmal furchtbar aufgeregt hat. Sie leitet einen großen Cateringservice und hatte gerade einen ganzen Vormittag mit Einstellungsgesprächen hinter sich. Jetzt war sie auf 180. »Es ist unglaublich, Frau Lienhart, was die Bewerber heutzutage für Ansprüche haben!«, rief sie aus. »Der eine will abends nur bis 20 Uhr arbeiten, der zweite kann samstags nie, der dritte lehnt es ab, Nebentätigkeiten zu übernehmen. Ansprüche ohne Ende! Was glauben die eigentlich? So geht das einfach nicht!«

Und jetzt dürfen Sie natürlich dreimal raten, warum diese Frau zu mir ins Coaching kam? Weil sie viel zu viel arbeitet, weil sie lernen wollte, besser nach sich zu schauen und sich auch einmal abzugrenzen ... Die Tatsache, dass sich die Geschäftsführerin so intensiv über die Ansprüche der Bewerber/innen aufgeregt hat, war ein überdeutlicher Hinweis auf sie selber ...

Die vier Spiegelgesetze

Immer wenn mich etwas »wahnsinnig« aufwühlt, heißt das, dass es an irgendeiner Stelle *bei mir* andockt. Vielleicht handelt es sich um eine Projektion, die ich habe? Vielleicht begegne ich in dem Wesen oder Verhalten meines Gegenübers der Spiegelung meines eigenen Wesens und Verhaltens? Hilfreich sind in diesem Zusammenhang die vier Spiegelgesetze, die nachfolgend kurz vorgestellt werden. (Die Spiegelgesetze finden sich in der Literatur bei vielen Autorinnen und Autoren. Auf wen sie ursprünglich zurückgehen, ist mir trotz intensiver Recherche nicht möglich gewesen, herauszufinden.)

1. Spiegelgesetz

Alles, was mich am anderen stört, ärgert, aufregt oder in Wut geraten lässt und ich an ihm anders haben will, *habe ich als Aspekt auch in mir selbst*. Alles, was ich am anderen kritisiere oder sogar bekämpfe und an ihm verändern will, kritisiere, bekämpfe und unterdrücke ich in Wahrheit in mir selbst und hätte es auch in mir gerne anders.

2. Spiegelgesetz

Alles, was der andere an mir kritisiert, bekämpft und an mir verändern will, und ich mich deswegen verletzt fühle, *betrifft mich ebenso* – dies ist in mir noch nicht richtig erlöst, meine gegenwärtige Persönlichkeit fühlt sich beleidigt, mein Ego ist noch sehr stark, meine Selbsterkenntnis noch schwach.

3. Spiegelgesetz

Alles, was der andere kritisiert an mir und mir vorwirft oder anders haben will und bekämpft, und mich dies nicht berührt, ist sein eigenes Bild, sein eigener Charakter, seine eigenen Unzulänglichkeiten, *die er auf mich projiziert.*

4. Spiegelgesetz

Alles, was mir am anderen gefällt, was ich an ihm liebe, *bin ich selbst*, habe ich selbst in mir und liebe dies auch an anderen. Ich erkenne mich selbst im anderen – in diesem Augenblick sind wir eins.

Nutzen Sie die nachstehenden Fragen, um über sich selbst nachzudenken. Bleiben Sie dabei möglichst neutral, schalten Sie den »inneren Beobachter« ein. Führen Sie sich die Begegnungen mit dem Kollegen, der es Ihnen so schwer macht, noch einmal vor Ihr inneres Auge. Achten Sie auf Ihre Reaktionen, auch auf Ihre Körpersignale – das hilft Ihnen, Zusammenhänge zu erkennen.

Übung: Der Konflikt mit meinem Kollegen – was sagt mir das über mich selbst?

⇨ Welche Reaktionen (auch Körpersignale) stelle ich bei mir fest, wenn ich an meinen schwierigen Kollegen oder an meine schwierige Kollegin denke?

> ⇨ In welchen Situationen erscheint mir mein Kollege oder meine Kollegin als besonders unangenehm? Warum?
> ⇨ Woran erinnern mich diese Situationen?
> ⇨ Andererseits: Löst mein Kollege/meine Kollegin manchmal auch angenehme Empfindungen bei mir aus? Warum?
> ⇨ Gibt es Situationen, in denen ich ihn/sie sogar als positiv und sympathisch wahrnehme?
> ⇨ Woran erinnern mich diese Situationen?

Die Frage nach dem Wozu?

Was meinen Sie: *Wozu* ist es gut, dass sich der Kollege so verhält? *Wozu* ist es gut, dass Ihre Kollegin immer wieder diese schreckliche Art an den Tag legt, die Sie schier kaum atmen lässt, wenn Sie sich im selben Raum mit ihr befinden? *Wozu* – und nicht: warum?

Die Frage nach dem Wozu hat es in sich ... Erinnern Sie sich an unsere Überlegung im ersten Teil, als wir über den tieferen Grund unserer Schwächen nachgedacht haben? Damals haben wir festgestellt, dass eine jede unserer Schwächen auch einen – mindestens einen! – Nutzen mit sich bringt. Und dass wir aus jeder einzelnen Schwäche auch Vorteile ziehen können (siehe Seite 47). Jeder, der sich in irgendeiner Weise *verhält*, verspricht sich einen Nutzen aus dem, was er tut oder was er sagt.

Nehmen wir zum Beispiel einen Menschen, der cholerisch ist. Welchen Nutzen zieht ein Choleriker aus seinem Verhalten? Nun, vielleicht kann er sich in manchen Situationen besser durchsetzen. Oder er nutzt es als Möglichkeit, um Stress abzubauen – zweifellos ein Vorteil im Vergleich zu anderen Menschen, die Stress in sich hineinzufressen pflegen ...

Natürlich können Sie sich genau dasselbe fragen im Hinblick auf schwierige Zeitgenossen. Über die Frage: »*Wozu macht er das – wozu ist das für ihn selber gut?*« können Sie möglicherweise dem Grund für sein Verhalten auf die Spur kommen.

Kennen Sie die Aussage »Es gibt keine schwierigen Kunden«? Genauso könnten Sie sich sagen: »Schwierige« Kollegen gibt es nicht – nur solche, mit denen Sie noch nicht richtig umgehen können. Dahinter steht die Überlegung: Gerade dort, wo es »schwierig« wird/wo der Kollege »schwierig« ist – da gibt es immer einen sehr guten Grund für sein Verhalten. Jedenfalls aus seiner Sicht ...

Lernen aus früheren Erfolgen

Eine gute Möglichkeit, den Respekt vor »schwierigen« Kollegen zu erlangen oder wiederzuerlangen, besteht darin, sich an vergleichbare Situationen zu erinnern: Denn wenn Sie bereits einmal eine ähnliche Situation gut gemeistert haben, werden Sie sich bestimmt noch an das angenehme Gefühl erinnern, das damit verbunden war. Dann können Sie sich überlegen: »Wann ist es mir denn bereits gelungen, den Respekt einem problematischen Kollegen gegenüber wiederzugewinnen? Wie habe ich das seinerzeit gemacht? Was davon könnte ich möglicherweise auf die jetzige Situation übertragen?«

Eine andere Frage, die ebenfalls hilft, weil sie sehr schnell ins eigene Innere führt, lautet: Mal angenommen, dieser Kollege ist nicht zufällig Ihr Kollege, sondern jemand, der es wirklich gut mit Ihnen meint (zum Beispiel eine gute Fee), hat ihn Ihnen *ganz bewusst* vor Ihre Nase gesetzt – was dann?! Jemand, der es gut mit Ihnen meint und der will, dass *Sie* etwas lernen und sich weiterentwickeln. Wer könnte das sein?

Diese Frage ist hocheffektiv, und ich setze sie oft ein, wenn es darum geht, die Perspektive zu wechseln und die Menschen zu sich selbst hinzuführen.

Vielleicht sagen Sie jetzt: »Schön und gut. Aber es fällt mir an und für sich überhaupt nicht schwer, anderen Menschen gegenüber Respekt zu zeigen. Mein Problem ist eher, dass ich selber leicht ein Opfer von Respektlosigkeiten werde.«

Ja, was dann?

2. Wenn ich selbst nicht respektiert werde

Im vorangegangenen Kapitel haben wir den »Härtefall« mit Kolleginnen und Kollegen untersucht, der es uns schwer macht, ihm oder ihr Respekt entgegenzubringen. Nun kommt natürlich auch der umgekehrte Fall vor: nämlich dass Sie selbst nicht respektvoll behandelt werden. Was können Sie tun?

Respektlosigkeiten geschehen häufig von jetzt auf gleich, sozusagen aus heiterem Himmel heraus. Wenn Sie merken, dass die Situation derart aufgeladen ist, dass Ihre Gefühle hochschäumen, dass Sie heftig verletzt sind – wie vermeiden Sie dann, respektlos und impulsiv zu reagieren, vielleicht gar Dinge zu sagen oder zu tun, die Sie später bereuen?

Heftige Reaktionen im Griff haben

Das Stoppsignal

Setzen Sie ein *Stoppsignal*! Zum Beispiel, indem Sie das Gespräch unterbrechen. Oder einfach tief Luft holen ... Sie können auch aufstehen und Ihren Schreibtisch verlassen. Oder einfach einmal früher nach Hause gehen. All das dürfen Sie sich durchaus erlauben, ohne dabei das Gefühl haben zu müssen, Ihr Gesicht zu verlieren oder eine Niederlage zu erleiden.

Das Mittel, um eine Situation sofort zu entschärfen, heißt also: Tempo raus! Tun Sie etwas, um Zeit zu gewinnen.

Ein Problem in Urlaub schicken

Wenn Sie merken, dass Sie eine Respektlosigkeit nachhaltig aufwühlt und Ihre Gefühle beherrscht – dann können Sie dieses Problem einfach mal gedanklich in einen Zug setzen und in Urlaub schicken ...

Das heißt: Ihr Problem ist nicht weg, aber macht vorübergehend Ferien. Es bedrängt Sie aktuell nicht mehr. Denn Sie haben beschlossen, sich eine Zeit lang bewusst nicht mehr damit zu beschäftigen. Sie können festlegen, wie *lange* das Problem in Urlaub ist – das *sollten* Sie vorher auch festlegen. Vielleicht einen Tag – und dann sehen Sie weiter. Oder eine Woche? Wie auch immer ... Das ist eine sehr schöne Möglichkeit, sich von einem Mahlstrom lästiger, unentwegt kreisender Gedanken zu befreien.

Warum denn immer nur vorwärts zählen?

Sie sitzen in einer Besprechung. Ein Kollege greift Sie an. Oder ein Kunde sagt etwas Respektloses zu Ihnen, und Ihre Gefühle wallen auf wie Kochwasser. Ihre Empörung und Wut schießen hoch in den Weltraum und nehmen Sie ungefragt mit. Wie kommen Sie von da oben wieder herunter?

Legen Sie einfach Ihre Hand auf Ihre Bauchdecke, dicht unterm Zwerchfell ... Konzentrieren Sie sich eine Weile nur darauf, wie sich die Bauchdecke durch Ihren Atem hebt und senkt ... Kein Mensch kriegt mit, wenn Sie das tun, auch nicht, wenn Sie in einem Meeting sind.

Oder: Sie zählen rückwärts von fünfzig bis null – ganz bedachtsam, Zahl um Zahl. Auch das wird Ihre Gefühle beruhigen, Ihre Emotionen dämpfen.

Oder: Sie beobachten einmal eine ganze Minute lang in aller Ruhe und Aufmerksamkeit den Sekundenzeiger Ihrer Armbanduhr, wie er die Runde macht, von zwölf bis zwölf. Auch das ist eine sehr schöne Möglichkeit, erst einmal etwas herunterzukommen.

Umgang mit persönlichen Angriffen und Killerphrasen

»Das ist doch Quatsch, was Sie da erzählen!« Oder: »Kommen Sie mir jetzt bloß nicht damit!« Oder: »Davon haben Sie doch gar keine Ahnung!«

Mal angenommen, Sie stehen vor einer Gruppe – vielleicht präsentieren Sie etwas – und kriegen solche Dinge an den Kopf geknallt. Von jetzt auf gleich. Dann müssen Sie wirklich ganz schnell reagieren. Fragt sich nur, wie.

Es gibt viele Trainingsangebote zum Thema »Schlagfertigkeit«. Dabei werden schnelle Reaktionen geübt. Ich halte davon gar nichts: zu lernen, wie ich meinem Gegenspieler schnell eins überbraten kann ... Oh nein!

Denn selbst wenn ich dadurch im Moment die Oberhand gewinne – der andere wird das nicht vergessen und einfach warten, bis sich in der Zukunft einmal eine Situation ergibt, in der er das Gleichgewicht wiederherstellen kann. Und was habe ich dann, insgesamt betrachtet, von meiner Schlagfertigkeit?

»Man braucht viele Worte, um ein Wort zurückzunehmen«, sagt ein anderes Sprichwort. Nicht zufällig steckt in der »Schlagfertigkeit« der »Schlag«. Mit Respekt – erinnern Sie sich? »Respicere« heißt: »mit Rücksicht auf einen anderen hinblicken« – hat das nicht besonders viel zu tun. Doch an einer – verbalen – Schlägerei ist Ihnen vermutlich auch nicht gelegen. Deswegen kann es nicht darum gehen, den anderen ebenfalls verbal zu attackieren. Viel eher werden Sie darauf achten, das Ruder wieder in eine andere Richtung zu bringen. Unter dem Motto: »Gewinnen, ohne Verlierer zu schaffen.«

Wie reagieren Sie angemessen auf einen plötzlichen verbalen Angriff, sodass Sie sich nicht als Opfer fühlen müssen und den anderen gleichzeitig mit Respekt behandeln?

1. Gewinnen Sie Zeit!
Sie haben die Möglichkeit, auf einen überraschenden Angriff hin erst einmal etwas Zeit zu gewinnen, um Ihre Gedanken zu ordnen. Das ist ja manchmal nötig. Dann sagen Sie zum Beispiel zu dem Angreifer: »Moment mal« oder »Augenblick bitte!« oder »Eine Sekunde, ich bin gleich bei Ihnen, Herr Maier!« Manchmal reicht das schon aus, um ein wenig Abstand zu gewinnen.

2. Fragen Sie nach!
Fragen Sie einfach nach: »Was meinen Sie damit?«, »*Wofür* haben Sie keine Zeit?« oder »Wovon *genau* habe ich Ihrer Meinung nach keine Ahnung?« etc. Eine Nachfrage bekundet Ihr Interesse, den anderen verstehen zu wollen, und gibt beiden Seiten etwas Zeit, um nachzudenken, sich zu sammeln und zu beruhigen.

3. Ignorieren Sie den Angriff und erklären Sie Ihr Vorgehen!

Sie können Ihre Position auch in aller Seelenruhe *erklären* – das ist für Ihren Konterpart vermutlich überraschend und nimmt ihm erst mal Wind aus den Segeln. Überraschend ist es, weil der Angreifer davon ausgehen dürfte, dass Sie ihm in demselben rüden Tonfall antworten, mit dem er Sie attackiert hat. Wenn Sie auf seinen Angriff:»Also, was ist denn das hier für ein Mist? Warum machen Sie das denn so und so?« – wenn Sie ihm daraufhin ganz freundlich und geduldig und ruhig *erklären*, warum Sie das so und so machen, in aller Seelenruhe, und über seinen rüden Tonfall schlicht *hinweggehen* ...

4. Mal kurz die Ebene wechseln

Oder Sie wechseln auf eine Metaebene, das heißt, Sie treten gedanklich einen Schritt zurück vom eigentlichen Thema und betrachten das Gespräch von einer übergeordneten Ebene aus und beschreiben, was Sie beobachten. Zum Beispiel: »Herr Maier, mir fällt gerade Folgendes auf. Ich sage etwas, und Sie antworten: ›Ja aber ...‹; ich sage wieder etwas, und Sie antworten mir wiederum: ›Ja aber ...‹ Immer wieder!« Dann machen Sie einfach eine Sprechpause ... Oder Sie fragen nach, was das zu bedeuten hat.

5. Verschieben

Sie erklären: »Auf diesen Angriff hin möchte ich mich erst einmal sammeln. Das kam so überraschend, damit habe ich nicht gerechnet. Ich brauche jetzt etwas Abstand und bitte um Verständnis dafür!«

6. »Nein« sagen!
Gelegentlich müssen Sie sich auch deutlich positionieren und dem anderen seine Grenzen aufzeigen. Wenn's nicht anders geht, mit einem klaren *Nein*.

Sie sagen »Nein!« – *und halten die anschließend unweigerlich entstehende Gesprächspause aus!* Verwässern Sie die Eindeutigkeit Ihres »Neins« nicht durch eilfertig nachgeschobene Verbindlichkeiten. Bleiben Sie stark – und bleiben Sie still!

Sie können sogar Nein sagen, indem Sie »Ja« sagen ... Wie das? Beispiel: Jemand fragt mich: »Frau Lienhart, könnten Sie mir bitte einmal ganz kurz – es geht wirklich absolut schnell – mit etwas helfen?« Dann sage ich »Nein« – aber nicht wortwörtlich; denn meine Entgegnung ist freundlich und positiv: »Ja, das mache ich sehr gern, Frau Schneider. Ich mache jetzt nur noch meine Aufgabe zu Ende, das dauert eine oder anderthalb Stunden, dann bin ich für Sie da.« Eine solche Antwort ist äußerst verbindlich und höflich – und trotzdem ein glasklares »Nein«.

Wenn gar nichts mehr hilft ...

Kommen wir zum härtesten aller möglichen Härtefälle. Sie haben alles ausprobiert – und nichts erreicht! Keine Lösung ist in Sicht, weit und breit nicht. Sie sind mit Ihrem Latein buchstäblich am Ende. Was dann?

Dann sind wir wieder am Anfang des Kapitels. Erinnern Sie sich an die Grundvoraussetzungen für Gelassenheit und Akzeptanz im Umgang mit anderen, mit dem wir den zweiten Teil dieses Buches eröffnet haben (siehe Seite 59)?

- Realistisch sein – denn Konflikte gehören zum Leben.
- Wir machen alle Fehler – nobody is perfect.

- Sie können es nicht allen recht machen – denn das wäre »eine Kunst, die niemand kann«.
- Gefühle sind immer wahr – denn man kann sich nicht »ver-fühlen«.
- Nicht alle Konflikte lassen sich lösen – denn manchmal gilt: »*Love it, change it or leave it.*«
- Alles hat (s)einen Sinn – denn: »Wer weiß, wofür's gut war«?
- Veränderungsbereitschaft ist eine Grundvoraussetzung – denn manchmal ist eine Veränderung einfach notwendig.
- Nicht bewerten! – Denn die Frage »Wer hat recht?« oder »Wer ist schuld?« stellt sich oft überhaupt nicht.

> **Woran erkennen Sie, dass ein Konflikt gelöst ist?**
>
> ➪ Die erlittene Verletzung wird nicht mehr als Vorwurf ins Gespräch eingebracht.
> ➪ Das unangenehme Gefühl, das es mir so schwer gemacht hat, bestimmte Dinge anzusprechen, hat sich aufgelöst.

Erwarten Sie Schwierigkeiten

Ihr Alltag bietet Herausforderungen aller Art, kleinere und größere, an denen Sie sich erproben und Ihre Wetterfestigkeit trainieren können. Sie können trainieren, mutig zu sein oder klar zu sagen, was Sie denken, und vieles andere mehr. Wenn Sie für schwierige Situationen und Herausforderungen bereit sind – ja: diese gewissermaßen schon *erwarten*, dann müssen Sie nicht überrascht sein, wenn sie tatsächlich eintreffen, und können bereits im Vorfeld überlegen, wie Sie in der konkreten Situation dann damit umgehen wollen.

Vereinbaren Sie Spielregeln

Vereinbaren Sie Spielregeln für den Umgang miteinander. Zum Beispiel, was grundsätzlich bei Besprechungen gelten soll. Selbst einfache Regeln wie »Handys aus!« oder »Bitte pünktlich erscheinen!« bedürfen der Absprache und Übereinkunft. Solche Spielregeln sind geeignet, Unstimmigkeiten gar nicht erst entstehen zu lassen. Damit wir nicht erst handeln müssen unter dem Druck einer bestimmten Situation, wenn das Kind schon schreiend im Brunnen liegt.

Machen Sie Rückblenden

Am Ende von Besprechungen empfiehlt es sich, gemeinsam zu überlegen: »Was war bei diesem Meeting förderlich? Was war eher hinderlich? Was könnten wir künftig besser machen?« Wenn jeder Teilnehmer und jede Teilnehmerin von vornherein weiß: »Es gibt einen Rahmen, in dem solche Fragen gestellt und beantwortet werden«, dann fördert dies, insgesamt betrachtet, sowohl den respektvollen Umgang miteinander als auch die Effektivität des Zusammentreffens.

Legen Sie Kontrolltermine fest

Terminieren Sie alle Vereinbarungen, sodass alle Beteiligten gemeinsam noch einmal überprüfen, inwieweit die Vereinbarung eingehalten wurde, sinnvoll war oder noch einmal modifiziert werden muss. Kontrolltermine helfen sehr dabei, dass Vereinbarungen auch eingehalten werden.

Wie Sie all diese Erkenntnisse nun umsetzen können, um ein Unternehmen auf der Basis gegenseitigen Respekts zu führen, erfahren Sie im dritten Teil des Buches ...

TEIL III
Führen mit Respekt

»Habe stets Respekt vor dir selbst, Respekt vor anderen und übernimm Verantwortung für deine Taten.«
Dalai Lama

Als Führungskraft werden Sie mit dem Thema »Respekt« in besonderer Weise konfrontiert. Denn in der Fähigkeit, wechselseitigen Respekt aufzubauen und zu erhalten, liegt eine der wichtigsten Managementkompetenzen überhaupt. Respekt ist die Basis von Führung: Jeder, der eine Führungsposition wahrnimmt, wünscht sich den Respekt der Mitarbeiterinnen und Mitarbeiter – und umgekehrt wollen auch die Mitarbeiter von ihrer Führungskraft respektiert werden.

Einer in Deutschland durchgeführten Studie zufolge gehört eine Führungskraft, die ihren Mitarbeitern mit Respekt begegnet, ganz oben auf deren Wunschliste an einen idealen Arbeitsplatz. Das Verlangen nach einem respektvollen Vorgesetzten wird einzig von dem Wunsch übertroffen, einer möglichst interessanten Arbeit nachgehen zu können

– und rangiert deutlich vor Faktoren wie »Bezahlung«, »Arbeitsplatzsicherheit«, »Aufstiegsmöglichkeiten« oder »Freizeit«.

Doch nach derselben Studie sind respektvolle Führungskräfte rar: In einer zweiten Umfrage sollten Mitarbeiterinnen und Mitarbeiter ihre *reale* Arbeitsplatzsituation beurteilen – und da zeigte es sich, dass Führungskräfte ihre Wertschätzung eher selten ausdrücken.[8]

Eine Führungskraft, die ihre Mitarbeiterinnen und Mitarbeiter respektiert, kann besser motivieren und wird im Endeffekt mehr Erfolg haben als jemand, der es an Respekt fehlen lässt. Das *Thinktank Level Playing Field Institute* in San Francisco beziffert den wirtschaftlichen Schaden, den qualifizierte Arbeitskräfte verursachen, weil sie kündigen und als Kündigungsgrund »Unfairness« angeben, allein in den USA auf 64 Milliarden Dollar![9]

So hohe Kosten entstehen, wenn Unternehmen das Thema »Respekt« ignorieren.

Was können Führungskräfte im beruflichen Alltag ganz konkret tun, damit sie von ihren Mitarbeitern respektiert werden? Und umgekehrt: Wie kann es Führungskräften gelingen, ihre Mitarbeiter aufrichtig wertzuschätzen, selbst wenn sie sich an manchen Tagen damit vielleicht schwertun? Nicht zuletzt: Wie können Unternehmen respektvolles Verhalten von Mitarbeitern ganz generell fördern?

Im Folgenden soll es um die Grundelemente einer respektvollen Führungskultur gehen. Dieses letzte Kapitel vertieft die Gedanken der beiden vorangegangenen Kapitel und berücksichtigt dabei insbesondere die Anforderungen, die Respekt für eine tragfähige Unternehmensführung spielt.

Als Erstes beschäftigt uns die Frage, wie Führungskräfte respektvoll mit sich selbst umgehen, um zu einer bestmöglichen Selbst-Führung zu gelangen. Danach wird es darum gehen, was das in Hinsicht auf die ihnen anvertrauten Mitarbeiter heißt – was es ganz konkret bedeutet, die eigenen Mitarbeiter mit Respekt zu führen. Zum Schluss stellen wir die Frage, wie das *Unternehmen als Ganzes* sich ausrichten muss, um die Leitidee wechselseitigen Respekts jeden Tag aufs Neue lebendig zu halten.

Sich selbst mit Respekt führen

»Es ist eine Lebensaufgabe, sich selbst kennenzulernen.« Erinnern Sie sich an dieses Zitat von Oscar Wilde aus dem ersten Teil des Buches, als es um den *Respekt vor sich selber* ging? Wenn Sie ein Unternehmen, eine Abteilung oder ein Team zu führen haben, dann gilt Oscar Wildes augenzwinkernde Erkenntnis für Sie ganz besonders. Denn andere mit Respekt führen zu können, bedeutet zuallererst: Klarheit über sich selbst zu besitzen.

Zu wissen, wo die eigenen Prioritäten liegen, ist ein erster Schritt zu diesem Ziel. Was wir im ersten Teil des Buches ausgeführt haben, gilt für Führungskräfte in besonderem Maße: Wenn Ihnen Ihre Wertvorstellungen bewusst sind und wenn Sie wissen, wofür Sie und Ihr Unternehmen stehen, aber auch, wofür nicht, dann besitzen Sie einen sicheren inneren Maßstab. Den brauchen Sie, damit Ihre Urteile Kraft haben und Ihr Auftreten überzeugt. Und Ihre Versprechen sind bindend – auch diejenigen, die Sie sich selbst geben.

Selbsteinsichten eines Managers

Der Geschäftsführer eines großen Unternehmens suchte mich einmal auf – nennen wir ihn Herrn Schneider –, weil er eine Moderatorin für einen Teamtag brauchte. Er stand bei seinen Abteilungsleitern wegen seines Führungsstils stark in Kritik und wollte seinen Führungskräften die Möglichkeit zur Aussprache und Klärung bieten. Er hatte vor, seine Art und Weise der Mitarbeiterführung in Form einer Präsentation offenzulegen, und sagte zu mir: »Ach, Frau Lienhart, stellen Sie mir einfach etwas zusammen!«

Ich wunderte mich – denn er hatte natürlich eine Assistenz, die dergleichen für ihn hätte erledigen können. Ich fragte ihn: »Was genau soll ich Ihnen denn vorbereiten, Herr Schneider?«

»Ach Gott, stellen Sie mir halt irgendwas zusammen!«, antwortete er. »Da gibt's doch genügend Fachliteratur dazu. Sie kennen sich doch aus.«

»Herr Schneider«, sagte ich daraufhin, »wenn Sie über Ihre Art der Mitarbeiterführung sprechen wollen, dann sollten Sie natürlich Ihre eigenen Überzeugungen und Erfahrungen vortragen. Sie wollen doch die Brücke zu den Abteilungsleitern schlagen.«

»Gewiss, gewiss, aber dafür habe ich leider keine Zeit. Schon morgen fliege ich nach Bangkok und Anfang nächster Woche treffe ich mich mit einer Landtagsdelegation, um Fördergelder für unser Unternehmen durchzusetzen. Das sind wichtige Termine, von denen viel abhängt.«

Schließlich konnte ich Herrn Schneider aber doch überzeugen, einen Wochenendtag für die Vorbereitung seines Vortrags abzuzweigen. Wir haben uns in Oberfranken getroffen und einen ganzen Samstag lang nur über seine Art und Weise der Mitarbeiterführung gesprochen.

Ich habe ihn interviewt und ihm Fragen gestellt, wie beispielsweise: »Wo haben Sie das erste Mal in Ihrem Leben eine gute Führungskraft erlebt? An wen erinnern Sie sich noch besonders gerne? Was ist Ihnen wichtig beim Umgang mit Ihren Mitarbeitern? Was geht auf gar keinen Fall? Welche Erwartungen/Wünsche/Befürchtungen haben Sie bei Ihren Führungsaufgaben? Was sind Ihre besonderen Stärken im Hinblick auf Ihren eigenen Führungsstil? Wo haben Sie Schwächen?« Und so weiter. Wir sind sehr in die Tiefe gegangen, es war ein gutes Gespräch. Während er erzählt hat, habe ich seine Gedanken als Stichpunkte auf Karten mitgeschrieben. Die habe ich am Ende auf den Tisch gelegt; dann haben wir sie sortiert und Schlüsselbegriffen zugeordnet. Auf diese Weise ergab sich der rote Faden für Herrn Schneiders Vortrag aus lauter eigenen Gedanken fast wie von selbst.

Schließlich bat ich Herrn Schneider, aus einem großen Stapel von Postkarten ein Bild auszuwählen, das seinem eigenen Führungsverständnis am ehesten entspräche. Er hat die Postkarten zunächst mit schiefem Kopf angesehen: »Hach, Bilderzeug! Was soll das bringen?« Und hat dann doch eine Karte genommen: eine Karte, auf der ein Heftpflaster abgebildet war. Ich war sehr gespannt auf seine Assoziation. Er hat das Bild eine Weile auf sich wirken lassen und mir dann erklärt: »Wissen Sie, ich verstehe mich zur Zeit ein bisschen wie ein Sanitäter, der in der Firma die Notversorgung macht und Interesse daran hat, die Wunden, die es gibt, zu heilen. Mit Sicherheit bleibt gerade sehr vieles liegen, was dringend erledigt werden müsste, ich weiß. Aber wenn's brennt, bin ich zur Stelle. Dann können sich meine Mitarbeiter auf mich verlassen, so viel steht fest!«

Dieses Bild hat Herr Schneider beim Teamtag in seine Präsentation eingebaut – dass er sich als Notarzt verstehen würde und warum ... Er hat tolle Rückmeldungen von seinen Führungskräften bekommen, die wörtlich gesagt haben: »Respekt, Herr Schneider, dass Sie sich so offen mit all Ihren Stärken und Schwächen vor uns gezeigt haben!«

Eigentlich kann es ganz einfach sein, sich selbst auf die Spur zu kommen und sich nicht hinter der formalen Führungsrolle zu verschanzen. Wie sonst sollen sich Führungskräfte in ihre Mitarbeiter einfühlen und ihr Unternehmen auf der Basis von Respekt und Achtung führen, wenn sie schon an der ehrlichen Selbsteinschätzung scheitern?

Wer Respekt von seinen Mitarbeitern erfahren möchte, tut gut daran, sich über seine eigenen Haltungen und Überzeugungen im Klaren zu sein. Diese sind Orientierungspunkte unseres Handelns, dienen als Richtschnur, treiben uns an und beeinflussen die Wahl unserer Mittel. Vor allem: Sie prägen unsere sinnstiftenden Ziele und sorgen für die Intensität, mit der wir etwas tun.

> **Selbstbefragung: Respekt in Ihrem persönlichen Wertesystem**
>
> ⇨ Welche Rolle spielt »Respekt« in Ihrem persönlichen Wertesystem?
> ⇨ Nach welchen Prinzipien richten Sie sich aus? Was hat Sie geprägt? Welche Werte sind für Sie selbstverständlich – und warum?
> ⇨ Welches Führungsverständnis haben Sie? Welche Ihrer Leitlinien sind unverrückbar?
> ⇨ Wie steht es mit dem Respekt vor Ihnen selbst? Was macht Sie einzigartig? Wofür sind Sie dankbar? Worauf sind Sie stolz?
> ⇨ Was können Sie bei sich selbst nur schwer bzw. gar nicht respektieren? Was möchten Sie am liebsten verstecken – sogar vor sich selbst?

Das ist Ihre Selbsteinschätzung. Prüfen Sie aber auch, wie Sie *wirken* – die Einschätzung, die Sie durch andere erfahren, gibt Ihnen wiederum Aufschluss über sich selbst.

Rufen Sie bei anderen ein Gefühl des Respekts hervor? Beantworten Sie die folgenden Fragen zunächst einmal selbst und bitten Sie dann Ihre Mitarbeiterinnen und Mitarbeiter ebenfalls um ihre Einschätzung.

Werden Sie als Führungskraft respektiert?

Kreuzen Sie an: (a) stimmt (b)stimmt teilweise (c) stimmt nicht

	a)	b)	c)
Sie ist ein ehrlicher Mensch.			
Sie tut, was sie sagt.			
Ihre Werte sind klar.			
Sie tritt engagiert und mutig für ihre Überzeugungen ein.			
Die Mitarbeiterinnen und Mitarbeiter liegen ihr sehr am Herzen.			
Sie sucht nach Lösungen, bei denen möglichst alle Beteiligten Gewinner sind.			
Sie sorgt dafür, dass ich meine Talente einbringen kann.			
Sie nimmt mich ernst.			
Sie ist zuverlässig.			
Sie sagt, was sie meint.			
Wenn ich Fehler mache, stellt sie sich nach außen hin vor mich.			
Meine Erfolge bleiben uneingeschränkt meine Erfolge.			
Sie respektiert mich.			

»Respekt wird nicht verliehen, man verdient ihn sich«, sagt der Volksmund. Und erzwingen lässt er sich schon gar nicht! Wer versucht, Respekt lediglich aufgrund der Führungsposition zu beziehen, die er oder sie einnimmt, wird scheitern. Die Menschen spüren schnell, ob jemand wirklich über ureigene innere Stärke verfügt und diese bewusst einsetzt – oder eben nicht. Wer respektiert wird und wer nicht, entscheidet eine Person nicht selbst, sondern die Menschen, die ihr gegenübertreten.

Haben Sie Vorbilder?

Überlegen Sie: Sicherlich gibt es auch für Sie einen Menschen, vor dem Sie den größten Respekt empfinden. Was genau löst Ihren Respekt aus? Ist es die Person selbst? Sind es besondere (Lebens-)Leistungen? Ist es eine bestimmte Art und Weise, sich mitzuteilen, zu kommunizieren? Ist es eine besondere Ausstrahlung dieser Person? Ist es ihre Autorität? Ihre Authentizität? Muss man dieser Person persönlich begegnet sein, um Respekt vor ihr zu empfinden? Oder reicht es schon, ihren Namen zu hören und von ihrem Tun und Handeln zu erfahren?

Wie eine perfekte Führungskraft aussieht, wird ja in vielen Büchern detailliert beschrieben: Sie ist überzeugend, brillant, humorvoll, selbstsicher, aufmerksam, authentisch, sachkundig und bestinformiert, sie erzielt hervorragende Ergebnisse mit dem Team, wird von allen geliebt ... Kurz: Ein Übermensch!

Die Sache ist nur: Diese perfekte Führungskraft gibt es nicht und wird es niemals geben! Wir alle sind Menschen, voller Fehler und Unzulänglichkeiten. Und gerade heute werden von einer erfolgreichen Führungskraft auch Eigenschaften verlangt, die auf den ersten Blick wie Schwächen aussehen könnten ... Zum Beispiel die souveräne Fähigkeit, sich selber gelegentlich in Frage zu stellen. Oder die Bereitschaft, vor Mitarbeitern manchmal auch eigene Unsicherheiten zuzugeben. Oder der Wille, manchmal ans Eingemachte zu gehen; sich immer wieder weiterzuentwickeln – durchaus in dem Bewusstsein, nicht auf jedem Gebiet Experte sein zu können.

Führungskräfte, die sich selbst respektieren, sind – wie alle anderen Menschen – individuell sehr verschieden und nicht über einen einzigen Leisten zu schlagen. Sie erwecken den Respekt ihrer Umgebung aus unterschiedlichsten Gründen.

Was macht eine Person zur Respektsperson – unabhängig von ihrem Temperament, ihrem Charakter, ihrer Bildung oder sozialen Herkunft?

Die beste Methode: Beobachtungen!

Denken Sie noch einmal an einen Menschen, vor dem Sie selbst höchsten Respekt empfinden und den Sie als Vorbild anerkennen: Was genau gefällt Ihnen an dieser Person? Wie respektvoll führt sich diese Person selbst? Gibt es Parallelen zu Ihnen selbst? Beobachten Sie sich: Vielleicht gibt es bestimmte Haltungen oder bestimmte Wesenszüge, die Ihnen vertraut sind? Oder ein bestimmtes Handeln? Überprüfen Sie sich: Was davon passt am besten zu Ihnen selbst, was davon finden Sie schon bei sich selber vor – und wie wollen Sie sich darüber hinaus noch entwickeln, um authentisch zu sein? »Von den Besten lernen« – was bedeutet diese Formal konkret für Ihren Wunsch im Hinblick auf das Thema »Respekt«?

Respektspersonen dürfen für andere durchaus unbequem sein. Doch stets verfügen sie über klare innere Positionen; sie sind eindeutig in ihrem Verhalten und Wesen, glaubwürdig und echt. Es gibt keinen Unterschied zwischen ihrem Denken, Sprechen und Handeln. Insofern gibt es doch eine Gemeinsamkeit zwischen Personen, die den Respekt ihrer Mitmenschen genießen: Es ist die Art ihres Handelns.

Mit dem Namen Nelson Mandela beispielsweise verbindet sich vieles, was in der ganzen Welt den Respekt der Menschen hervorruft. Denn Mandela hat einen langen Zeitraum der Ungewissheit und Instabilität innerlich unerschüttert überstanden, hat Schicksalsschläge genutzt, um sich weiterzuentwickeln, er ist seinen Idealen treu geblieben, mutig und risikobereit ...

All das sind Fähigkeiten, die starke Führungskräfte auszeichnen: Menschen, die bereit sind, auch einmal etwas zu riskieren – die ihre Ecken und Kanten haben mögen, aber unbeirrt ihren Weg gehen, selbst im Wissen um die Möglichkeit zu scheitern. Solche Menschen zeigen uns, was prinzipiell möglich ist, und sind deswegen für viele ein Vorbild.

Klarheit über sich selbst – das wird niemandem in die Wiege gelegt. Sehen Sie diese Aufgabe als ein *work in progress* an – geben Sie sich Raum dafür, Ihre Antworten in Ruhe zu entwickeln und zu vervollkommnen. Haben Sie dabei Geduld mit sich selbst und lassen Sie sich durch eventuelle Rückschläge nicht entmutigen! Denn wenn es nach Oscar Wilde eine lebenslängliche Aufgabe ist, sich selbst kennenzulernen – dann ist es erst recht eine Lebensaufgabe, sich selber mit Respekt zu führen.

Möglichkeiten, um andere respektvoll zu führen

»Nichts ist jämmerlicher als Respekt, der auf Angst basiert.«
Albert Camus

1. Integrität

Integrität und Respekt sind unmittelbar miteinander verknüpft. Das merken wir immer dann besonders gut, wenn die Integrität einer Person des öffentlichen Lebens ins Zwielicht geraten ist: Von Stund an fällt es schwer, ihr weiterhin Respekt zu zollen. Die Zeitungskommentare sprechen dann eine deutliche Sprache.

»Wahrhaftigkeit« bezeichneten sechzig Prozent der Befragten in einer Studie der Akademie für Führungskräfte der Wirtschaft als wichtigste Eigenschaft von Vorgesetzten. Authentizität steht auf dem ersten Platz der Prioritätenliste – weit vor Fähigkeiten wie »Fachkompetenz«, »Durchsetzungsfähigkeit« oder »Autorität«, die sich gewöhnlich mit dem Bild eines Managers verbinden. »Nur authentische Führung ist erfolgreiche Führung«, resümieren die Autoren der Studie. »Die Führungskraft ist nicht nur als Manager, sondern vor allem als Mensch gefordert.«[10] Die Wirklichkeit bleibt hinter diesem Ideal leider deutlich zurück ...

Integrität ist mehr als Ehrlichkeit. Integer sein bedeutet, keinen Unterschied zu machen zwischen dem, was wir meinen, und dem, was wir sagen – und wie wir handeln!

Dass ein Mensch, der betrügt, manipuliert, heuchelt oder Unwahrheiten verbreitet, nicht integer ist, liegt auf der Hand. Doch wie sieht es mit der Praxis ganz konkret im beruflichen Alltag aus?

Schluss mit all den kleinen Lügen!

Wie schnell sind wir bereit, uns zum Beispiel am Telefon verleugnen zu lassen ...»Tut mir leid, Frau Müller ist gerade in einer Besprechung«, hört der Anrufer – und dabei ist die Frau Müller durchaus am Platz, sie hat lediglich ihrem Assistenten soeben ein Zeichen gegeben, dass sie gerade nicht zu telefonieren wünscht ... Oder beugen wir die Wahrheit nicht gelegentlich ein wenig – vielleicht nur, indem wir etwas *nicht* sagen oder ein Wort suggestiv betonen? Wie oft machen wir von solchen kleinen »Hilfsmitteln« Gebrauch?

Es gibt viele Situationen, in denen wir uns zwischen unseren inneren Werten und Überzeugungen und den Anforderungen der Außenwelt entscheiden müssen – ein echter Rollenspagat! Ihn zu meistern und die »richtige« Entscheidung zu treffen, ist immer wieder eine neue Herausforderung. Doch unterschätzen Sie Ihre Mitarbeiter nicht: Meist kennen sie ihre Vorgesetzten besser, als es diesen bewusst ist; sie wissen genau einzuschätzen, was sich hinter den häufigen »Besprechungen« von Frau Müller eigentlich verbirgt. Schlimmer noch: Sie nehmen sich ihre Führungskräfte zum Vorbild und verhalten sich ebenso ... Letztlich beeinträchtigt jede kleine Unwahrheit unsere Energie und unsere Integrität.

Kennen Sie die herrliche Filmkomödie »Liar, Liar«? (Im Deutschen heißt sie »Der Dummschwätzer«.) Darin spielt Jim Carrey einen Rechtsanwalt, der 24 Stunden lang gezwungen ist, nur die Wahrheit zu sagen. Nichts als die Wahrheit – eine echte Herausforderung!

Im Führungsalltag geht es natürlich nicht darum, zu jeder Zeit allen möglichen Menschen alles lupenrein mitzuteilen, das wäre unprofessionell und in vielen Fällen auch fatal. Natürlich entscheiden Sie nach wie vor, *wem Sie was in welcher Form* mitteilen.

Sie machen sich keiner Unwahrhaftigkeit schuldig, sondern bleiben sogar authentisch, wenn Sie beispielsweise mit einzelnen Informationen zurückhaltend sind oder Ihre Antwort nicht sofort geben, sondern zu einem späteren Zeitpunkt.

Zeigen Sie dennoch in der Art und Weise, wie Sie mit der Wahrheit umgehen, Respekt – und zwar gegenüber Ihren Mitarbeitern, gegenüber Ihrem Unternehmen und vergessen Sie auch sich selber nicht! Als Führungskraft sind Sie jeden Tag diesem Dreifach-Spagat ausgesetzt: Sie haben eine Vorbildfunktion gegenüber Ihren Mitarbeitern, sind zugleich Ihrem Unternehmen gegenüber zur Loyalität verpflichtet und Sie möchten sich am Ende des Tages auch noch selber im Spiegel betrachten können.

Gehen Sie deshalb nicht vorschnell darüber hinweg, wenn sich Bedenken im Hinblick auf die Wahrheit melden. Schlafen Sie, wenn es möglich ist, eine Nacht darüber oder holen Sie sich Rat bei Menschen Ihres Vertrauens über Ihre Bedenken. Testen Sie verschiedene Formulierungen so lange, bis Ihre Argumentation in jeder Hinsicht stimmig, ehrlich und »respektabel« ist.

Was Sie sagen, muss dem entsprechen, was Sie meinen, sodass Sie es auch in kritischen Situationen vertreten können. Wer seine Meinung je nach Stimmungslage ändert, wird von seinem Umfeld früher oder später nicht mehr ernst genommen. Respekt lässt sich damit auf keinen Fall gewinnen.

Zu Übungszwecken können Sie einmal Folgendes ausprobieren:

> **Übung: Einen Tag lang nur die Wahrheit sagen**
>
> Probieren Sie's einmal! Versuchen Sie, einen Tag lang auf all die kleinen Notlügen und rhetorischen Kniffe zu verzichten, die Ihnen zur lieben Gewohnheit geworden sind, beruflich wie privat. Lassen Sie sich am Telefon durch Ihre Mitarbeiterin oder Ihren Mitarbeiter nicht verleugnen, sondern sagen Sie stattdessen: »Im Augenblick passt es mir nicht – darf ich Sie später zurückrufen?« Brechen Sie das Gespräch mit Ihrem Nachbarn im Hausflur nicht ab, indem Sie sagen: »Ich habe da noch etwas auf dem Herd stehen«, sondern sagen Sie wahrheitsgemäß: »Gleich beginnt ein Film im Fernsehen, den ich nicht verpassen möchte.«
> Wie fühlt es sich an, strikt bei der Wahrheit zu bleiben? Notieren Sie Ihre Erfahrungen und führen Sie das Experiment zwei Wochen später erneut durch!

Gutes Benehmen

Gutes Benehmen ist ein Synonym für respektvolles Verhalten. Denn durch Höflichkeit und Anstand können Sie Ihren Mitarbeitern täglich zeigen, dass Sie sie wahrnehmen und achten. Für Führungskräfte sind solche Signale des Respekts ein absolutes Muss: Da sie in ihrer Funktion *immer* Vorbilder sind, geben sie das Beispiel für das Miteinander im gesamten Unternehmen.

Dabei geht es nicht um einen angelernten und polierten Stil, wie er in vielen Etikettenseminaren trainiert wird. Selbst Moritz Freiherr von Knigge, ein Urenkel des berühmten Benimmlehrers, sagte in einem seiner Vorträge: »Nur weil jemand bestimmte Spielregeln nicht kennt, ist er deshalb noch lange kein schlechter Mensch.« Und er fügte hinzu: »Wenn Sie wissen möchten, ob jemand wirklich gutes

Benehmen hat, dann achten Sie einfach darauf, wie er mit dem Servicepersonal umgeht.«

Wie wahr! Servicekräfte, Taxifahrer und andere Dienstleister könnten eine ganze Menge darüber erzählen, wer gute Manieren hat und wer nicht.

Manchmal ist Respekt im Alltag denkbar einfach: Er drückt sich schlicht durch ein Minimum an Manieren und Anstand aus.

Wir alle finden Führungskräfte sympathisch, die uns mit Respekt behandeln und dies durch höfliche Verhaltensformen zeigen – die zum Beispiel »bitte« und »danke« sagen, die im Vorbeigehen grüßen oder die sich entschuldigen, wenn sie zu spät gekommen sind oder wenn sie einen Fehler gemacht haben.

Übung: Der nachträgliche Brief

Vielleicht fällt Ihnen gelegentlich ein Mensch ein, bei dem Sie einmal nicht richtig gehandelt haben. Mag sein, Sie haben es ihm (oder ihr) gegenüber an Loyalität fehlen lassen. Sie haben lang nicht an ihn gedacht. Aber plötzlich kommt er Ihnen in den Sinn und Ihr Gewissen meldet sich. Ist es ein ehemaliger Mitarbeiter, mit dem Sie ins Reine kommen wollen? Oder ein Freund, mit dem Sie sich zerstritten haben und mit dem Sie gern noch ein Gespräch führen würden, um ein paar Dinge richtigzustellen?

Schreiben Sie diesen Menschen einen Brief! Bekennen Sie sich zu Ihren großen oder kleinen Fehlern und Schwächen. Schreiben Sie auf, woran Sie es haben fehlen lassen. Bitten Sie um Entschuldigung, zumindest um Verständnis. Doch versuchen Sie nicht, sich reinzuwaschen. Seien Sie aufrichtig in Ihrem Schreiben und ehrlich.

Ob Sie diesen Brief dann abschicken oder nicht – das ist Ihre Entscheidung. In manchen Fällen mag es ausreichen, wenn Sie ihn lediglich *schreiben*.

2. Unternehmenskultur leben

Führungsleitbilder gibt es zuhauf. In vielen Unternehmen hängen sie gerahmt an den Wänden und sind in Hochglanzbroschüren nachzulesen. Doch die Autoren dieser Leitlinien arbeiten oft gar nicht selbst im Unternehmen. Die guten Vorsätze in den Broschüren und an den Wänden haben Alibifunktionen und werden nicht gelebt.

Machen Sie den Test

Überprüfen Sie doch einmal die Wirklichkeit in Ihrem Unternehmen:

⇨ Ist Respekt als Wert in Ihren Führungs- und/oder Unternehmensleitlinien verankert?
⇨ Wie wird Respekt in Ihrer Abteilung/in Ihrem Team konkret umgesetzt?
⇨ Für welche konkreten Situationen möchten Sie »Respekt« am Arbeitsplatz als Ziel fördern?

Wenn in Ihrem Unternehmen keine Führungsgrundsätze bzw. -leitlinien formuliert sind, können Sie sich fragen:

⇨ Wäre es erwünscht, wenn Respekt zu einem Führungsgrundsatz werden würde?
⇨ Erhalten Führungskräfte Anerkennung von oben, wenn sie zeigen, dass sie respektvoll führen?
⇨ Wo und wann wird überhaupt über Respekt in Führung und Zusammenarbeit gesprochen?

»Mehr als zwei Drittel der jungen Führungskräfte erleben keine werteorientierte Führung durch das Topmanagement«, schreiben Mathias Bucksteeg und Kai Hattendorf, Vorstandsmitglieder der Bonner *Wertekommission – Initiative wertebewusste Führung*. Die Wertekommission hat bundesweit über 500 Führungskräfte befragt und festgestellt: Die Mehrheit der Manager beklagt eine mangelhafte Umsetzung des im Unternehmen festgelegten Wertekanons und sehnt sich nach traditionellen Werten wie Vertrauen und Ehrlichkeit.[11]

In einer Studie der Personalberatung *LAB & Company* gaben 21 Prozent der befragten Führungskräfte zu Protokoll, dass sich ihre ethisch-moralischen Maßstäbe im Lauf ihres Lebens verschoben hätten. 47 Prozent beobachteten in ihrem beruflichen Umfeld sogar häufig moralisch verwerfliche Handlungen. Typische Aussagen der Befragten: »Als Barsch unter Haifischen überlebt sich's halt schlecht, also werden viele zum Haifisch« oder »Mit steigendem Einkommen fühle ich meine moralischen Werte schwächer werden« oder »Es besteht oft eine Diskrepanz zwischen den Werten, die das Unternehmen für sich definiert hat, und dem konkreten Handeln auf allen Ebenen, aber besonders im Top-Management, das sich eigentlich vorbildlich verhalten müsste«. Klaus Aden, der Autor der Studie, resümiert: »Wegen des wachsenden Drucks, ständig und kurzfristig Erfolge vermelden zu müssen, glauben Top-Manager zunehmend, ohne Verrat an den eigenen moralischen Maßstäben nicht überleben zu können.«[12]

Die im Berufsalltag erfahrenen Werte haben nachweislich gewichtigen Einfluss auf den Erfolg eines Unternehmens. Eine gemeinsame Forschungsarbeit der Bonner Unternehmensberatung *Deep White* und der Universität St. Gallen kommt zu dem erstaunlichen Ergebnis, dass nicht weniger als *ein Viertel des Geschäftserfolgs* von der gelebten Wertekultur am Arbeitsplatz abhängt![13]

Wenn Ihnen Respekt wichtig ist, darf es nicht bei bloßen Lippenbekenntnissen bleiben.

»Ich würde ja gerne, aber ...«

Dass gut formulierte Führungsgrundsätze im Unternehmen sinnvoll sind – darüber herrscht allgemeine Einigkeit. Wer aber übernimmt konkret Verantwortung für die Umsetzung der propagierten Werte? Wer übernimmt Verantwortung für die gelebte Unternehmenskultur?

Verantwortung wird im Alltag gerne auf andere abgewälzt: Mitarbeiterinnen und Mitarbeiter verweisen auf Kollegen oder auf die Führungskraft (die sich erst einmal ändern soll), Führungskräfte auf die Personalabteilung (die sich des Themas »Respekt und Unternehmenskultur« annehmen soll) bzw. auf die Unternehmensleitung (die die Sache angeblich nicht ernsthaft genug verfolgt). Die Unternehmensleitung delegiert die Umsetzung wiederum an die Manager ... Warum also sollten die Führungskräfte bei sich selbst und im eigenen Kontext anfangen?

Ganz einfach: weil sie dort direkten Zugriff und direkten Einfluss haben. Am Anfang eines jeden Weges steht immer das Ja zur eigenen Verantwortung!

Komplexität verringern heißt in diesem Zusammenhang, im Kleinen anzufangen. Jeder kann in seinem eigenen Arbeitsumfeld mit der praktischen Umsetzung beginnen.

Leben Sie Respekt in Ihrem Führungsalltag! Warten Sie nicht, bis Abläufe und Standards festgelegt und sichergestellt sind. Sprechen Sie mit Ihrer eigenen Führungskraft darüber und mit Kollegen und Mitarbeiterinnen. Fragen Sie sich:

> **Respekt in meinem Führungsalltag**
>
> ⇨ Welchen Beitrag kann ich heute leisten, um »Respekt« in meinem Führungsalltag konkret zu leben?
> ⇨ Vor welchen Herausforderungen werde ich dabei stehen?
> ⇨ Wie wird es sich anfühlen, wenn ich diese bewältigt habe?
> ⇨ Was genau motiviert mich heute dazu?

Verlangen Sie am Anfang nicht zu viel, aber auch nicht zu wenig: weder von sich selbst noch von anderen. Entscheiden Sie sich am besten immer nur für *einen* Vorsatz. Nehmen Sie sich dafür zwei bis drei Monate Zeit, um diesen zu interpretieren und in Ihren Führungsalltag Schritt für Schritt einzubringen. Nehmen Sie konzentriert wahr, was sich dadurch verändert. Verlangen Sie keine Sofort-Ergebnisse, sondern sehen Sie in dem Ganzen einen Prozess, der seine Zeit benötigt, um sich zu entwickeln und auszureifen. Sollte die Wirkung nicht so eintreten, wie Sie es sich am Anfang gewünscht haben, überlegen Sie, was durch Ihre innere Auseinandersetzung (dennoch) Sinnvolles entstanden ist, und haben Sie gegebenenfalls den Mut, es auch wieder sein zu lassen. Wenden Sie sich erst dann dem nächsten Vorsatz zu.

3. Balance zwischen Stabilität und Instabilität

Mitarbeiterinnen und Mitarbeiter sind ganz anders bei der Sache, wenn sie wissen, *wofür* sie arbeiten, *wohin* das Unternehmen sich ausrichtet. Eine wichtige Führungsaufgabe besteht deshalb darin, Orientierung zu geben. Das heißt konkret: Visionen und Ziele zu nutzen, um den Blick aufs große Ganze zu öffnen und jedem Einzelnen behutsam den Weg dahin zu weisen.

Gewiss: Das ist leichter gesagt als getan, wenn von außen hoher Druck auf dem Unternehmen lastet und die Führungskräfte einer intensiven Belastung ausgesetzt sind. Phasen der Instabilität sind in der Regel weder voll durchschaubar noch sind sie im Voraus planbar.

Wer solche Phasen durchsteht, lebt und wächst und entwickelt sich weiter. Ein Unternehmen ist wie ein lebendiger Organismus, der die Balance zwischen stabilen und instabilen Kräften aushalten muss, um sich zu entfalten.

Wenn das Unternehmen in eine bedrängende Situation gerät, dann halten Sie damit nicht hinter dem Berg. Dies wird umso eher gelingen, wenn Sie schon in guten Zeiten auf Transparenz bedacht waren. Wenn Sie Fragen wie »Wo stehen wir mit unserem Unternehmen? Was sind die Absichten des Managements? Wozu werden Maßnahmen eingeleitet?« nicht erst in Rezessionszeiten ansprechen, dann haben Sie, gerade in schwierigen Zeiten, gute Chancen, noch mehr an Respekt zu gewinnen. Sie können Ihren Mitarbeitern oftmals mehr zumuten, als Sie denken. Aber Sie müssen dabei ehrlich sein.

Halten Sie nicht starr an Zielvorgaben fest. Ziele sollen zwar das Unternehmen voranbringen, sie sollen aber auch den Dialog zwischen Führungskraft und Mitarbeiter fördern und nicht einengen oder unnötigen Druck erzeugen. Ziele können sich immer wieder ändern. Außerdem werden Sie es niemals *allen zugleich* recht machen. Wegweisende Entscheidungen sind manchmal individuelle, manchmal unkonventionelle und manchmal auch unangenehme Entscheidungen.

> **Eine Führungsaufgabe: Die Balance herstellen zwischen Stabilität und Instabilität**
>
> *Stabilität organisieren*
> ➪ Für Ziele sorgen
> ➪ Kontrollen durchführen
> ➪ Termine festsetzen
>
> *Instabilität managen*
> ➪ Verantwortung übertragen
> ➪ Fehler zulassen
> ➪ neue Wege ausprobieren
> ➪ Ziele abändern

4. Stärken stärken

»Das Management ist die schöpferischste aller Künste. Es ist die Kunst, Talente richtig einzusetzen.«
Robert McNamara

Laut einer Befragung von weltweit 200.000 Mitarbeitern sind lediglich zwanzig Prozent der Belegschaft eines Unternehmens so eingesetzt, dass sie jeden Tag das tun, was ihnen Spaß macht.[14]

Eine wesentliche Führungsaufgabe liegt darin, Menschen bei der Entfaltung ihrer Potenziale zu unterstützen. Doch wie gelingt das am besten? Durch Konzentration auf die individuellen *Stärken* ... Was fällt Ihnen leicht? Worin sind Sie immer wieder richtig gut? Wofür werden Sie immer wieder respektiert? Wo Menschen wertgeschätzt werden in dem, was sie gut können, erfahren sie Bestätigung, und das ist die höchste Form von Motivation. Schon die einfache Selbstbeobachtung beweist, dass wir alle am liebsten mit unseren Stärken wahrgenommen werden möchten. Wenn sich die Führungskraft schwerpunktmäßig mit den »positiven« Seiten ihrer Mitarbeiter befasst, wird sie umso leichter deren Vertrauen gewinnen und sie zu Bestleistungen führen.

Was also können Sie als Führungskraft ganz konkret tun, um durch Orientierung an den Stärken Ihrer Mitarbeiter Bestleistungen zu erzielen?

Verteilen Sie die Aufgaben nicht nach den jeweiligen Rollen und Positionen oder danach, wer gerade Zeit hat. Beweisen Sie Respekt vor den individuellen Kompetenzen und den Stärken jedes Einzelnen. Verteilen Sie Aufgaben so, dass die Stärken zum Einsatz kommen und die Schwächen nicht stören.

Machen Sie es sich zur Regel, Ihre Mitarbeiter nicht bei deren Schwächen zu »ertappen«, sondern vorrangig bei dem, was sie besonders gut können; Sie brauchen dafür gute Menschenkenntnis, Lebenserfahrung und Zeit. Dass sich Fehler selbst *dann* nicht völlig vermeiden lassen, ist klar; sie lassen sich aber minimieren, wenn Mitarbeiter dort eingesetzt werden, wo sie sich am besten einbringen können.

Die Schwächen können dennoch wertvoll für das Unternehmen sein, wenn

- sie dazu genutzt werden, um persönliche Stolpersteine aus dem Weg zu räumen. Nehmen wir an, ein Mitarbeiter versteht zwar viel von seinem Fachgebiet, ist aber nicht gut in der Präsentation. Da kann seine Schwäche ein Hinweis darauf sein, dass er gut daran täte, ein Präsentationsseminar zu besuchen, damit er seine fachlichen Stärken besser rüberbringen kann.

- Mitarbeiter mit spezifischen Schwächen an der Stelle eingesetzt werden, wo diese Schwächen zu Stärken werden. Beispiel: Ein penibler Mensch könnte die Ablage neu strukturieren oder ein introvertierter Mensch könnte in Einstellungsgesprächen gut die Beobachterposition einnehmen.

Schwächen springen oft geradezu ins Auge – individuelle *Stärken* dagegen muss man häufig aktiv suchen. Ein Einzelner mag vielleicht der Meinung sein, die eigenen Stärken seien nichts Besonderes, und sagen: »Ach, das ist doch ganz normal ...« Eine Führungskraft erkennt dann umso schwerer, was in dem Kollegen X oder der Kollegin Y möglicherweise an guten Fähigkeiten verborgen ist.

Nicht Autorität und Selbstprofilierung machen eine Führungskraft erfolgreich, sondern der *gemeinsame* Erfolg des Teams. Deshalb lautet die richtige Frage im Hinblick auf die Stärken der Mitarbeiter: Wie kann ich *andere stark und erfolgreich machen?*

Das geht nur, wenn Sie Ihre Mitarbeiterinnen und Mitarbeiter gut einzuschätzen wissen und als kompetente Partner respektieren.

Die Führungskraft als Gärtner

In gewisser Weise ähnelt eine Führungskraft einem Gärtner. Der entscheidet über die Auswahl und den Standort der Pflanzen und sorgt schließlich dafür, dass jede Pflanze sich an ihrem Platz gut entwickeln kann. Sein Augenmerk ist darauf gerichtet, dass der Garten oder der Park, für den er Verantwortung trägt, ein gutes Gesamtbild bietet. Ein Kosmos im Kleinen, um dessen Ordnung er sich kümmern muss.

Er kann die Ordnung nur bewahren, wenn er die verschiedenen Pflanzen genau kennt. Wenn er jede Pflanze mit Respekt behandelt und sie genau in der Art und Weise pflegt, wie sie es braucht.

Der Gärtner weiß: Es gibt Pflanzen, die benötigen viel Wasser – nach denen muss er jeden Tag schauen. Andere kann er lange sich selbst überlassen. Es gibt Pflanzen, die muss er regelmäßig ein bisschen beschneiden, damit sie nicht ins Kraut schießen – andere wiederum mögen es überhaupt nicht, wenn man sie stutzt. Die muss er wachsen lassen. Manche brauchen Sonne, manche Halbschatten. Manche muss er im Winter gegen die Kälte schützen, andere nicht. Manche blühen im Frühjahr, manche im Spätherbst. Daran muss er schon denken, wenn er sie setzt. Er muss die Pflanzen unterschiedlich behandeln und pflegen, damit der Garten sich zu jeder Jahreszeit als ein Bild gestalteter Ordnung darstellt.

Wenn Sie sich nun auf die Suche nach den Stärken Ihrer Mitarbeiterinnen und Mitarbeiter machen wollen, können Sie einfach aus der unten stehenden Liste ein paar Fragen auswählen ...

Stärken, Talente, Ressourcen meiner Mitarbeiter

⇨ Über welches Thema könnte Ihr Mitarbeiter sofort, ohne Vorbereitung, eine halbe Stunde sprechen?
⇨ Kräfte, Qualitäten, Wissen: Wenn Ihre Mitarbeiterin oder Ihr Mitarbeiter drei Wünsche frei hätte, was würden sie sich wohl wünschen?
⇨ Wie und worin unterscheidet dieser Mitarbeiter sich von anderen?

> ⇨ Worauf ist Ihre Mitarbeiterin stolz? Was sind ihre fünf größten Leistungen/Erfolge, seit sie im Unternehmen ist?
> ⇨ Was charakterisiert Ihren Mitarbeiter im beruflichen Alltag? Welche besonderen Eigenschaften zeichnen ihn aus?
> ⇨ In welchen Arbeitssituationen fallen die besonderen Eigenschaften Ihres Mitarbeiters auf bzw. wo wird seine Hilfe besonders häufig nachgefragt?
> ⇨ Was beschäftigt sie/ihn immer wieder?
> ⇨ Was kann Ihre Mitarbeiterin besonders gut? Worin ist sie stark?
> ⇨ Was ist der Beitrag Ihres Mitarbeiters zum guten Gelingen im Projekt/in der Abteilung/im Team?

Sie können nicht alles beantworten? Fragen Sie doch bei Gelegenheit Ihre Mitarbeiterinnen und Mitarbeiter ...!

Wenn Sie Stärkenorientierung als Antriebskraft nutzen wollen, hat dies Auswirkungen auf die Personalauswahl und -entwicklung, auf Führung, Selbstmanagement, Organisationsentwicklung und auf die Beförderung.

Zum Beispiel Stärkenorientierung im Mitarbeitergespräch

Das klassische Mitarbeitergespräch vereint im Blick zurück die Einschätzung über die geleistete Arbeit und die Zusammenarbeit (gegebenenfalls mithilfe eines Beurteilungsverfahrens) und mit dem Blick nach vorne künftige Arbeitsschwerpunkte, Leistungserwartungen und Ziele (häufig auch im Rahmen von Zielvereinbarungen). Beides ist wichtig und sinnvoll.

Der Managementberater Bernhard Lutz hat einen Leitfaden für Führungskräfte entwickelt, das den Aspekt der Stärkenorientierung integriert:

> **»Das etwas andere Mitarbeitergespräch«**
>
> *Blick zurück*
> ⇨ Was ist dem Mitarbeiter gut gelungen?
> ⇨ Was ist ihm leichtgefallen?
> ⇨ Eventuell: Welche Defizite haben als Bremse gewirkt?
> ⇨ Was hat er aus eigenem Antrieb in Angriff genommen?
> ⇨ Wo hätten sich vorgenannte Beobachtungen noch stärker zeigen können, wenn nicht organisatorische, technische, kommunikative oder andere Rahmenbedingungen im Weg gestanden hätten?
> ⇨ Welches Feedback habe ich von seinem personellen Umfeld?
> ⇨ Welche Vermutungen habe ich als Führungskraft, was dem Mitarbeiter selbst wichtig ist?
>
> *Blick nach vorne*
> ⇨ Bei welchen Aufgabenschwerpunkten kann der Mitarbeiter das Gelungene und das Leichtgefallene möglichst häufig anwenden?
> ⇨ Welche neuen Herausforderungen traue ich ihm zu?
> ⇨ Welche Rahmenbedingungen müssen in diesem Zusammenhang stabilisiert und welche neu gestaltet werden?
> ⇨ Welche Personen können ihn dabei unterstützen – und wie?
> ⇨ Welche Ideen, Erwartungen und konkrete Vorstellungen hat der Mitarbeiter dazu?
> ⇨ Woran können ich und der Mitarbeiter erkennen, dass wir auf dem »richtigen« Entwicklungsweg sind?

> *Vereinbarungen*
> ⇨ Was bleibt wie bisher?
> ⇨ Was kommt neu hinzu?
> ⇨ Welche Personalentwicklungsmaßnahmen werden in Angriff genommen, um Stärken zu entwickeln und Defizite zu neutralisieren?
> ⇨ Welche Erfolgskriterien gelten?
> ⇨ Wie werden eventuelle Stolpersteine gemanagt?
> ⇨ Welche unterjährigen Statusgespräche finden statt?

Probieren Sie es einfach einmal aus, inwieweit sich Ihre Mitarbeitergespräche verändern, wenn Sie die Stärken noch mehr in den Fokus nehmen. Sie werden rasch bemerken, wie sehr die Orientierung an den Stärken Ihrer Mitarbeiter den Respekt füreinander fördert.

5. Vertrauen ist gut – oder ist Kontrolle besser?

Vertrauen ist unabdingbar, wenn es darum geht, die Mitarbeiter mit Respekt zu führen.

Denn Zutrauen fördert Selbstvertrauen. Ein aufmunterndes »Ich denke, Sie schaffen das!« beflügelt den Ehrgeiz. Die Mitarbeiter *wollen* sich ja beweisen, wollen zeigen, was in ihnen steckt. Kaum etwas anderes wirkt so motivierend wie eine Führungskraft, die ihren Respekt vor tüchtigen Mitarbeitern dadurch bekundet, dass sie ihnen auch etwas *zutraut*.

Wie der Respekt ist das Vertrauen ein elementarer Grundsatz für erfolgreiches Führungshandeln. Und genau wie Respekt ist auch Vertrauen eine häufig unterschätzte *wirtschaftliche* Ressource.

Der Soziologe Niklas Luhmann definiert »Vertrauen« als »Mechanismus zur Reduktion sozialer Komplexität«. Das heißt: Wenn ich einem anderen Menschen vertraue, muss ich sozusagen in »Vorleistung« gehen; denn schon aus Zeitgründen werde ich gar nicht in der Lage sein, sämtliche Informationen, die ich über mein Gegenüber besitze, für jede Situation rational auszuwerten – ganz zu schweigen davon, dass mir solche Informationen oft völlig fehlen.

Und das bedeutet auch: Wo Vertrauen fehlt, verfängt man sich in Vorschriften, Regelungen und Kontrollen. Das kostet Zeit und Geld.

Auch der amerikanische Unternehmer und Management-Lehrer Stephen M. R. Covey beschreibt in seinem Bestseller *Schnelligkeit durch Vertrauen*, wie sich Vertrauen – in jeder Art von Beziehung – immer auf die Schnelligkeit und damit auf die Kosten auswirkt.

Respektvolle Führung durch Vertrauen bewegt sich zwischen den Begriffen »*angemessenes* Vertrauen« und »*blindes* Vertrauen«. Hier das rechte Maß zu finden, ist für Führungskräfte eine Gratwanderung. Wo der Eindruck von vertrauensseliger Schwäche aufkommt, wird dies von Mitarbeitern schnell ausgenutzt. Andererseits wirkt auch ein Übermaß an Kontrolle lähmend und hat mit respektvoller Führung nicht mehr viel zu tun.

Der Managementberater Fredmund Malik rät: »Vertraue jedem, soweit du nur kannst – und gehe dabei sehr weit, bis an die Grenze.« Er rät aber auch sicherzustellen, dass man dahinterkommt, wenn Vertrauen missbraucht wird:

> **»Stelle sicher, dass ...**
> ⇨ du jederzeit erfahren wirst, ab wann dein Vertrauen missbraucht wird
> ⇨ deine Mitarbeiter und Kollegen wissen, dass du es erfahren wirst
> ⇨ jeder Vertrauensmissbrauch gravierende und unausweichliche Folgen hat
> ⇨ deine Mitarbeiter auch das unmissverständlich zur Kenntnis nehmen.«[15]

Wenn Führungskräfte die Kompetenzen ihrer Mitarbeiter (an)erkennen und Aufgaben delegieren können, dann ist das nicht nur wirtschaftlich und effektiv, sondern auch wohltuend, nicht zuletzt für sie selbst. Denn dann bekommen sie den Kopf frei und gewinnen Zeit und Kraft für neue Herausforderungen.

Aufs Ganze gesehen werden durch Zutrauen und Anerkennung bessere Arbeitsergebnisse erzielt, als das durch andauernde Kontrolle möglich ist. Wo Manager hohe Abfindungen kassieren, Mitarbeiter sich aber bescheiden sollen oder gar nach jahrzehntelanger Betriebszugehörigkeit von heute auf morgen gekündigt werden – dass in einem solchen Fall Vertrauen zerstört wird und Misstrauen um sich greift, das liegt auf der Hand. In diesen Fällen kann von respektvoller Unternehmensführung nicht mehr die Rede sein – und eigentlich nicht einmal mehr von »Führung«. Denn hier tobt sich das »Recht des Stärkeren« aus, das nichts ist als bare Machtausübung, bei dem der Respekt voreinander auf der Strecke bleibt

6. Lob und Kritik – Zeichen von Respekt

»Nicht geschimpft ist schon genug gelobt!« Kennen Sie diese Lebensweisheit?
Die ist natürlich nicht ganz ernst gemeint. Aber im Führungsalltag scheinen sich viele genau daran zu halten: Solange ihre Mitarbeiter keine Fehler machen, äußern sich Führungskräfte in der Regel überhaupt nicht zu deren Leistungen.

Die Zeitschrift *Managerseminare* hat unter ihren Lesern einmal eine Befragung durchgeführt: Was sind geeignete Mittel, um den Mitarbeitern für besonderen Einsatz Anerkennung zu zollen? Fast drei Viertel der Befragten meinten: durch ausdrückliches Lob! (Maßnahmen wie »Sonderurlaub«, »Gehaltserhöhung« oder ein Titel wie »Mitarbeiter des Monats« landeten übrigens weit abgeschlagen im hinteren Feld.) Und wann ist der richtige Zeitpunkt für ein Lob? »Egal!«, sagten zwei Drittel der Befragten: Hauptsache, das Lob ist ehrlich gemeint. 61 Prozent sagten: »Sofort, wenn es einen Grund dafür gibt.«[16]

Überlegen Sie regelmäßig, wer mal wieder ein Lob verdient hat ... Manchmal reicht schon eine kleine Wendung in der Formulierung aus, um Anerkennung auszudrücken – etwa indem man positive Erwartungen äußert anstatt Befürchtungen: »In dieser Woche sind sehr viele Sonderwünsche unserer Kunden zu berücksichtigen. Ich weiß aber, dass Sie das schaffen werden, Herr Meier!«

Halten Sie in jeder Mail wenigstens *eine* positive Nachricht fest: »Ich freue mich auf Ihre Antwort«, »Vielen Dank für die gute Idee«, »Das ist ja klasse«, »Wie schnell Sie das erledigt haben!« So in dieser Art. Freundliche kleine Worte, die die Atmosphäre entscheidend beeinflussen ...

Loben braucht keine komplizierten Konzepte. Oft tun es

auch schon kleine Aufmerksamkeiten. Etwa der Hinweis auf eine Veranstaltung oder einen Artikel in der Fachpresse: »Das wäre doch etwas für Sie!« Sehen Sie zu, dass Sie Ihren Mitarbeitern nicht immer die klassische Flasche Wein schenken, sondern möglichst etwas Persönliches: ein Theaterbesuch, eine Kinokarte, ein Buch über das Hobby Ihres Mitarbeiters ... Vielleicht auch Dinge, die gar nichts oder nur wenig kosten. Womöglich freut sich Ihr Mitarbeiter über einen Artikel, den Sie am Wochenende in der Zeitung entdeckt haben und der sein Hobby betrifft, viel mehr als über eine teure Flasche Sekt. Oder ein Veranstaltungshinweis: »Haben Sie gelesen, nächste Woche ist diese Autorenlesung – das könnte doch etwas für Sie sein?« Oder: »Sie fahren doch im Sommer nach Thailand – nächste Woche gibt's einen tollen Diavortrag darüber.« Oder Sie legen Ihrer Mitarbeiterin (von der Sie wissen, dass sie geologische Interessen hat) einen besonders schönen Stein auf den Schreibtisch oder das Autogramm von einem Prominenten, den Ihr Mitarbeiter bewundert. Oder Sie zeichnen ihr/ihm etwas Lustiges zum Geburtstag oder verfassen ein Gedicht (vorausgesetzt, Sie können *einigermaßen* dichten und zeichnen). Je persönlicher Ihr Geschenk ist, desto besser kommt es an – und desto besser eignet es sich, um Ihren Respekt auszudrücken.

Und: Anerkennung gibt es nicht nur für die Besten! Ihr Respekt gilt ja auch nicht ausschließlich herausragenden Großtaten – heben Sie getrost auch solide und konstante Leistungen hervor!

Bedanken Sie sich dafür, dass eine Mitarbeiterin oder ein Mitarbeiter mit großer Zuverlässigkeit das Team unterstützt hat, Tag für Tag, seit vielen Jahren – alles das ist nicht selbstverständlich, sondern Grund genug für Dankbarkeit und Respekt.

Doch wie sieht es mit Kritik und Tadel aus? Kann Respekt auch entstehen und wachsen, wenn es ab und zu kritische Töne gibt? Durchaus! Denn auch Kritik ist ein Zeichen von Respekt. Es kommt allerdings sehr auf die Art und Weise an, wie Sie diese vorbringen.

Wenn Kritik ehrlich gemeint ist und glaubwürdig vorgetragen wird, hat sie – ebenso wie ein ehrliches Lob – die Subbotschaft: »Ich nehme dich wahr, du bist mir wichtig!« Dann wird sie zum Ausdruck von *Achtsamkeit und Respekt*.

Das Konzept der gewaltfreien Kommunikation

Der amerikanische Psychologe Marshall B. Rosenberg hat unter dem Eindruck der Rassenauseinandersetzungen in den Vereinigten Staaten das Konzept der »gewaltfreien Kommunikation« entwickelt. Es äußert Kritik in einer grundsätzlich wertschätzenden Art und Weise, in einem Ton des Respekts. Und verzichtet völlig auf Vorwürfe, Schuldzuweisungen und Angriffe aller Art.

Herzstück ist das Vier-Schritte-Modell, das sich mit den Stichwörtern »Beobachtung«, »Gefühl«, »Bedürfnis« und »Bitte« kurz umreißen lässt:

1. Schritt – *Beobachtung* mitteilen: »Frau Hellwig, Sie haben in der letzten Woche viermal Ihre Unterlagen auf meinem Schreibtisch liegen lassen.«
2. Schritt – *Gefühl* äußern: »Das verärgert mich.«
3. Schritt – *Bedürfnis* formulieren: »Ich möchte einen aufgeräumten Schreibtisch vorfinden, wenn ich ins Büro komme, auf dem nur meine eigenen Sachen liegen.«
4. Schritt – *Bitte* äußern: »Ich bitte Sie, das in Zukunft zu unterlassen!«

Dieses Konzept gibt dem anderen die Möglichkeit, das Gesicht zu wahren. Wenn es darum geht, dem anderen Feedback zu geben oder Konflikte zu bearbeiten, hat es sich im beruflichen Alltag als ungemein erfolgreich erwiesen. Probieren Sie es aus. Nicht nur, wenn Sie kritische Themen ansprechen möchten, sondern auch, wenn Sie jemandem positives Feedback geben wollen. Auch dafür ist dieses Modell hervorragend geeignet.

Feedback geben in vier Schritten nach Marshall Rosenberg

1. Was ich beobachte:
⇨ Einverständnis erreichen

2. Was das bei mir auslöst:
⇨ meine Gefühle, mein Zustand

3. Warum es das auslöst:
⇨ meine Werte, meine Überzeugungen

4. Was ich mir wünsche:
⇨ Entwicklungsschritte, Veränderung

Das respektvolle Kritikgespräch

Auch das arbeitsrechtlich formale Kritikgespräch gehört zu den wichtigen Führungsaufgaben, da es in besonderer Weise zur Verhaltensänderung bei Mitarbeiterinnen und Mitarbeitern beitragen soll. Eine wertschätzende und respektorientierte Art und Weise der Gesprächsführung belegt Ihr ureigenes Interesse am Mitarbeiter, zeigt Optimismus hinsichtlich seiner Fähigkeiten und ermöglicht Hilfestellung und Verhaltensorientierung. Und genau darum geht es bei einer Kritik durch die Führungskraft.

Hier einige Tipps:

- Prüfen Sie bei der Vorbereitung eines Kritikgesprächs, ob Sie sich Ihrer Kritikpunkte ausreichend sicher sind. Nur Informationen aus erster Hand zählen. Prüfen Sie auch, ob Sie jemanden »auf dem Kieker haben« oder einer allzu kritischen Beurteilungstendenz unterliegen.
- Stellen Sie niemals die Person selbst infrage. Unterscheiden Sie zwischen der Person und ihren Handlungen.
- Überlegen Sie sich, wann Sie den betreffenden Mitarbeiter in letzter Zeit einmal gelobt haben und warum?

Als Leitfaden für ein respektvolles Kritikgespräch empfiehlt sich das 7-Phasen-Modell[17]:

Phase 1 Kontakt herstellen	=	Negative Erwartungen dämpfen. Neutrales Begrüßungsthema.
Phase 2 Anlass benennen	=	Anlass ohne Wertung erläutern. Deutlich machen, dass es sich um Sachproblem handelt. Bei nicht geklärten Vorwürfen Dritter Neutralität zeigen.
Phase 3 Stellungnahme des Mitarbeiters	=	Standpunkt ausführlich darstellen lassen. Aktiv zuhören. Durch gezieltes Fragen Informationen sammeln.
Phase 4 Bewertung durch die Führungskraft	=	Mit einem Soll-Ist-Vergleich, bezogen auf die Anforderungen des Aufgabenbereiches, sachlich und konstruktiv kritisieren. Zusammenhänge erklären. Einsicht in die möglichen Folgen des Fehlverhaltens vermitteln.

Phase 5 Gemeinsame Lösung erarbeiten	=	Lösungen und Verbesserungen für die Zukunft gemeinsam erarbeiten. Unterstützung anbieten. Bedenken, dass Ursachen für Fehlverhalten auch in suboptimalen Arbeits- und Betriebsabläufen liegen können.
Phase 6 Verbindlichkeit schaffen	=	Ergebnisse vereinbaren: Wer macht was wozu mit wem bis wann. Termine setzen, an denen die weitere Entwicklung und der Erfolg getroffener Maßnahmen besprochen werden.
Phase 7 Schlusskontakt	=	Konstruktiv enden, zum Beispiel mit einem optimistischen Ausblick; aber auch nicht verwässern und die Bedeutung des Gesprächs im Nachhinein herunterspielen.

7. In Beziehung gehen

Im Führungsalltag geht nichts über die persönliche Beziehung. Das heißt nicht, dass Sie von jetzt an täglich mit Ihren Mitarbeitern Kaffee trinken sollen. Im Gegenteil: Respekt setzt auch eine gewisse Distanz zwischen den Menschen voraus.

Beziehung ist nicht unbedingt eine Frage von Nähe. Wichtig ist das Interesse und die Achtung vor der Person, begleitet von einem kontinuierlichen Kontaktangebot. Sie können in Beziehung sein mit einem Kunden, den Sie nur einmal im Jahr sehen, oder mit Mitarbeitern im Ausland.

Führungskräfte sind in der Regel brillante Experten auf ihrem Fachgebiet. Doch wer sich allein auf sein Fachwissen stützt und die persönliche Beziehung zu den Mitarbeitern hintanstellt, wird es schwerer haben, deren Respekt zu erhalten.

Gewiss: Der Wettbewerb ist härter geworden; stets mehr Projekte, Zusatzaufgaben ... Die Ansprechpartner wechseln, und die Zeit wird immer knapper ... Umso wichtiger ist es in den Unternehmen, immer wieder persönliche Beziehungen aufzubauen und gewachsene Beziehungen zu pflegen. Vordergründig mag das wie ein Zeitkiller wirken, wenn Sie sich »zusätzlich« auch noch um die Beziehungen kümmern sollen. Doch genau das Gegenteil ist der Fall: Je besser Sie einen Menschen kennen, desto besser können Sie einschätzen, wen Sie für welche Aufgaben einsetzen können.

Sie müssen auch nicht zwangsläufig dauerhaft zeitraubende Einzelgespräche führen. Nutzen Sie doch Ihre Besprechungen dazu. Nehmen Sie einfach die ersten Minuten für das Persönliche, für die Beziehung untereinander oder für die Stimmung im Team. Das könnte etwa so aussehen:

Die »persönliche« Besprechung

- ⇨ Formulieren Sie eine Frage: Zum Beispiel »Wie respektvoll gehen wir im Team miteinander um?« oder »Wie zufrieden bin ich zur Zeit mit unserer Zusammenarbeit?« oder »Wie gut ist meiner Meinung nach die Stimmung im Team?« etc.
- ⇨ Die Mitarbeiter schreiben eine Zahl von 1–10 (10 bedeutet zum Beispiel sehr respektvoll/sehr zufrieden etc.) auf einen Zettel. Wenn Sie unsicher sind, ob die Antworten wirklich ehrlich ausfallen, können die Mitarbeiter auch anonym antworten. Dafür braucht es jedoch gleiche Zettel und gleiche Stifte.
- ⇨ Dann veröffentlichen Sie das Ergebnis für alle sichtbar und eröffnen das Gespräch: »Was sagen Sie zu diesem Ergebnis? Ist das für Sie überraschend?«
- ⇨ Hören Sie zunächst aufmerksam zu und verzichten Sie auf eigene, vorschnelle Interpretationen.

»Wie geht es Ihnen?«

Auch diese Frage können Sie in Besprechungen in einer kurzen Einstiegsrunde stellen. Auch wenn Sie viele fachliche Themen auf der Agenda stehen haben ... Als Führungskraft, die eine Besprechung leitet, fragen Sie einfach in die Runde hinein: »Bevor wir jetzt loslegen mit unserem Thema, bitte ich Sie, kurz zu sagen, wie es Ihnen geht. Nur ein oder zwei Sätze. Beziffern Sie Ihr Befinden auf einer Skala zwischen 1 und 10. Wenn Sie heute Morgen Bäume ausreißen könnten, sagen Sie ›10‹. Wenn Sie mir am liebsten antworten würden: ›Ach, lassen Sie mich bloß in Ruhe mit Ihren Fragen‹ – dann sagen Sie ›0‹. Oder irgendetwas dazwischen.«

Bitten Sie also jeden Teilnehmer eine Zahl zu nennen und diese mit ein bis zwei Sätzen zu kommentieren. Das dauert wirklich nicht lange, aber es fördert die persönliche Beziehung zwischen den Menschen und drückt Ihren Respekt vor den Mitarbeitern aus.

Achten Sie auch einmal darauf, wie Sie flüchtige Begegnungen gestalten. Mit dem neuen Mitarbeiter, der Ihnen auf dem Weg zum Kopierraum über den Weg läuft zum Beispiel. Schauen Sie ihn an? Sprechen Sie kurz mit ihm oder sind Sie in Gedanken ganz woanders? Nutzen Sie die Chance für ein paar persönliche Worte! Der Mitarbeiter wird sich beachtet und wertgeschätzt fühlen und gerne an die kurze Begegnung mit Ihnen zurückdenken. Vielleicht noch viel länger als Sie selbst.

Die Beziehung per E-Mail

Apropos E-Mail-Flut: Haben Sie die jüngste Mail Ihres Teamleiters gelesen? Haben Sie schon geantwortet? Wenn nicht, dann haben Sie vielleicht unwillentlich den Nährboden bereitet für quälende Spekulationen ... Kommt Ihnen das übertrieben vor? Bedenken Sie, dass Sie als Führungskraft unentwegt Signale aussenden ... Selbst wenn Ihnen das gar nicht bewusst ist – ja selbst wenn Sie etwas *nicht* tun. (Manchmal gerade dann!)

Im Übrigen ist es eine Unart, einem Mitarbeiter, der im Nebenzimmer sitzt, nahezu jede Mitteilung per E-Mail zuzustellen. Stehen Sie auf und sprechen Sie persönlich mit ihm! Nicht nur Ihre Mitarbeiter, auch Ihre Bandscheiben werden es Ihnen danken.

Bedenken Sie:
- Miteinander sprechen ist persönlicher als einander zu schreiben!
- Handgeschriebenes ist persönlicher als digital Geschriebenes, das per E-Mail kommt!

»Freundliche Worte«

Denken Sie nicht: »Wer braucht schon ›Freundliche Grüße‹?« *Jeder* braucht sie! Grüße sind ein purer Ausdruck von Höflichkeit. Erweitern Sie Ihre freundlichen Grüße doch einfach nur um ein paar wenige persönliche Worte. Zum Beispiel: »Ich wünsche Ihnen ein schönes Wochenende!« Nur ein paar Worte mehr und Sie sprechen den Menschen vor dem Bildschirm als Menschen an und hinterlassen einen Eindruck Ihrer Persönlichkeit. Dazu kommt, dass Gewohntes in der Regel gar nicht mehr gelesen wird. Bringen Sie respektvolle Irritationen hinein und schon ist ihnen Aufmerksamkeit gewiss.

Auch »Danke« sagen ist eine gute Möglichkeit, seinen Respekt auszudrücken. Schreiben Sie nicht »i.O.« (= »in Ordnung«). Schreiben Sie stattdessen: »Klasse, vielen Dank!« Da freut sich der Empfänger viel mehr, und die Stimmung im Büro wird gleich ein bisschen besser.

Mit einem anderen Menschen aktiv in Beziehung zu gehen – mündlich oder schriftlich – gehört zu den schlichten und grundsätzlichen Ausdrucksformen von Respekt.

Erfolgsfaktoren für eine respektvolle Unternehmenskultur

Respekt steht hoch im Kurs. Überall wird über ihn gesprochen, überall wird er gewünscht, ja eingefordert. Warum? Es liegt auf der Hand: Weil er oft fehlt! Außerdem belegen aktuelle Studien: Wo Respekt gelebt wird, befördert das auch den wirtschaftlichen Erfolg eines Unternehmens.

Argumente für Respekt im Unternehmen

- Die Mitarbeiter sind *motivierter* und weniger krank.
- *Potenziale* jeglicher Art im Unternehmen werden besser genutzt.
- Respekt fördert das positive *Image* eines Unternehmens. Wo Respekt gelebt wird, kann sich ein Unternehmen nach innen und nach außen als attraktiver und glaubwürdiger Arbeitgeber positionieren. Dadurch entstehen messbare Wettbewerbsvorteile. Mitarbeiter werden leichter gewonnen und länger gehalten – und im Wettbewerb um die besten Talente hat ein Unternehmen, das den Respekt hochhält, die Nase vorn. Nicht ohne Grund macht Toyota weltweit mit dem Spruch »Respect for People« auf sich aufmerksam.
- Wo Respekt gelebt wird, vermittelt sich dies auch den Kunden, stimmt sie zufrieden(er) und bindet sie ans Haus.

Trotz all dieser Vorteile bedarf es vielfach noch einer Menge Überzeugungsarbeit, damit Respekt als unternehmerische Ressource wirklich genutzt wird.

Respekt im Unternehmen verankern

Wie kann ein Unternehmen ein internes und externes Umfeld für Respekt schaffen? Wie können Sie als Führungskraft das Thema »Respekt« im Unternehmen wirksam werden lassen, sodass alle Beteiligten gut damit zurechtkommen?

Die Schlüsselfragen, um zu klären, welche Rolle Respekt in Ihrem Unternehmen zukünftig spielen soll, lauten:

Schlüsselfragen

⇨ Brauchen wir Respekt, um morgen am Markt erfolgreich zu sein?
⇨ Was ist der Nutzen, der Gewinn für Belegschaft, Arbeitsplatz und Markt?

Begründen Sie die Notwendigkeit der Veränderung, wenn Sie die angestrebte Respektkultur in Ihrem Unternehmen beschreiben. Die Veränderung einer Unternehmenskultur beginnt auf höchster Ebene. Bestimmen Sie deshalb nicht sofort Beauftragte für diese Aufgabe. Die Veränderung der Unternehmenskultur ist ein gemeinsames Ziel; doch die Führung des Unternehmens gibt die großen Linien vor. Je klarer diese Vorgaben sind, desto erfolgreicher wird die Umsetzung auf den nächsttieferen Ebenen sein.

Überlegen Sie sich, wofür Sie und Ihr Unternehmen

wirklich stehen. Klären Sie vorab Fragen wie: Was ist der genaue Unterschied zwischen Ellbogenmentalität und gesundem Ehrgeiz? Wo verläuft die exakte Grenze zwischen Illoyalität und Treuepflicht? Jedem Mitarbeiter und jeder Mitarbeiterin muss deutlich sein: Ja, *genau so* wollen wir unsere Geschäfte abwickeln – und *so* wollen wir das auf *keinen* Fall! Alle müssen wissen, wo das Unternehmen den Schwerpunkt setzt, und die Rückendeckung der Führungskräfte dabei spüren. Und natürlich müssen alle Mitarbeiter sicher sein können, dass sie durch moralisch korrektes und respektvolles Verhalten ihre Karriere nicht gefährden.

Wenn Sie sich im Unternehmen darüber im Klaren sind, was Sie wollen und was nicht, dann werden Sie sich gezielt dem Thema »Respekt« zuwenden. Eine gute Möglichkeit dafür ist die Methode der sogenannten *Appreciative Inquiry*, der »wertschätzenden Erkundung«.

»Appreciative Inquiry« (= AI) ist ein Werkzeug der Organisationsentwicklung. Die Grundfrage bei diesem Ansatz lautet *Was läuft gut?* und nicht *Wo drückt der Schuh?*. Nicht die Defizite und Probleme werden also in den Blick genommen, sondern alles, was in einem Unternehmen bereits *gut* funktioniert. Die Methode beleuchtet, mobilisiert und fördert die Stärken und Potenziale, die in den einzelnen Mitarbeitern, in den jeweiligen Organisationseinheiten und im gesamten Unternehmen stecken.

Teilnehmerinnen und Teilnehmer eines AI-Prozesses kommen aus allen Hierarchien, Arbeitsfeldern und Altersstufen.

»Was läuft gut? Welche *Erfolgsgeschichten* spielen sich bei uns ab?« Auf der Basis solcher Fragen machen sich alle zusammen Vorstellungen über die Zukunft des Unternehmens, präzisieren diese Vorstellungen und planen konkrete Maßnahmen. Nichts ist motivierender für alle Beteiligten, als zu sehen, dass gute Ideen auch umgesetzt werden.

Die Vorteile dieses Vorgehens liegen auf der Hand: Alle Teilnehmer werden aktiv in sämtliche Arbeitsprozesse mit einbezogen; ihre Ideen und Energien werden optimal genutzt. Das ist gut für die Motivation. Und bei der Umsetzung ziehen alle am gleichen Strang ...

Außerdem: Erfolgsgeschichten hören alle gern. Sie machen deutlich, dass es weit mehr positive Dinge im Unternehmen gibt als zunächst vielleicht angenommen.

In Interviews werden anhand eines Leitfadens Fragen gestellt wie die folgenden (siehe Kasten). Diese Fragen können Sie für sich selbst beantworten oder an die Mitarbeiter im gesamten Unternehmen weitergeben:

Wertschätzende Fragen

⇨ Bitte erinnern Sie sich an Ihre Anfangszeit im Unternehmen. Wie sind Sie zu uns gekommen? Was hat Sie zu uns hingezogen? Was waren Ihre ersten Eindrücke? Was hat Sie begeistert?

⇨ Wann und wo haben Sie in unserem Unternehmen Respekt besonders deutlich beobachtet und erlebt? Was genau ist da geschehen?

⇨ Was und wer sind die Kräfte, die bislang für Respekt sorgten? Wie haben Sie das erreicht?

⇨ Was tut das Unternehmen bereits im Hinblick auf ein respektvolles Miteinander?

⇨ Was können wir tun, damit Respekt in Zukunft noch mehr gelebt wird?

⇨ Für welche Leistungen im Hinblick auf Respekt sollte es unbedingt Anerkennung geben?

> ⇨ Welche konkreten Maßnahmen könnten den wechselseitigen Respekt zusätzlich fördern?
> ⇨ Wenn Sie drei Dinge verändern könnten, um den Respekt im Unternehmen nachhaltig zu steigern, was würden Sie tun?
> ⇨ Stellen Sie sich vor, Ihr Unternehmen ist in zehn Jahren über Ihre kühnsten Träume hinaus erfolgreich geworden. Respekt genießt in Ihrem Unternehmen nun die höchste Priorität. Wie genau hat sich das Unternehmen verändert?

Die *Appreciative Inquiry*-Methode geht davon aus, dass alle Ressourcen, die es zur Bewältigung von Herausforderungen braucht, im Unternehmen bereits vorhanden sind. Ob Sie den Prozess selbst initiieren oder externe Beraterinnen und Berater damit beauftragen – wichtig ist immer, dass die entsprechenden Fragen genau auf die spezifischen Bedürfnisse Ihres Unternehmens zugeschnitten sind: auf individuelle Einflussfaktoren wie Branche, Produkte, Kunden, Personalstruktur, Rahmenbedingungen, unternehmensspezifische Faktoren und die vielfältigen kreativen Interessen der im Unternehmen wirkenden Menschen.

Konsequentes Führungs- und Personalmanagement

Es gibt eine Vielzahl von passenden Instrumenten für ein Unternehmen und seine Führungsmannschaft, um Respekt sichtbar und für alle spürbar im Arbeits- und Führungsalltag zu gestalten.

- Bewerberinterviews
 Das Gespräch mit den Bewerbern muss so gestaltet werden, dass es auf Augenhöhe stattfindet – es muss in einer respektvollen Art und Weise geführt werden, sodass die Kandidaten Wertschätzung erfahren. Dies bedeutet nicht, dass man sie nicht auf Herz und Nieren prüfen darf. Aber die eingesetzten Verfahren müssen objektiv sein und dürfen niemanden herabsetzen.

- Personalauswahl
 Achten Sie darauf, dass schon beim Anforderungsprofil für neue Führungskräfte auch das Leitbild »Respekt« eine Rolle spielt! Beobachten Sie genau: Gehen die Kandidaten respektvoll mit den Mitbewerbern um? Passen die Kandidaten zu der am Respekt ausgerichteten Kultur Ihres Unternehmens? Wie kommunizieren sie – bauen sie Brücken durch ihre Worte oder stellen sie beim Sprechen lediglich sich selber aufs Podest? Können sie für ein gemeinsames Ziel auch einmal von sich persönlich absehen – oder geht es ihnen eher nur um die eigene Reputation?

- Einarbeitungsphase
 Sprechen Sie bei neuen Mitarbeiterinnen und Mitarbeitern gleich am Anfang die Bedeutung des Respekts im Unternehmen an. Für neue Führungskräfte kann »Respekt« auch erst einmal bedeuten: »Ich füge mich ein, mache mich mit allem vertraut, ich spreche achtungsvoll von meinem Vorgänger – auch wenn ich möglicherweise vieles verändern will.«

- Teamentwicklung, Training und Coaching
 Respekt ist nichts Selbstverständliches, sondern eine Haltung, um die wir uns immer wieder bemühen müs-

sen. Sonst geht er unvermerkt verloren. Nur wo Respekt aktiv vermittelt und gelebt wird, wird er zum Ausdruck gelebter Kultur. Und nur dort entfaltet er seine Wirkung. Sorgen Sie dafür, dass das Thema »Respekt« immer im Bewusstsein Ihrer Mitarbeiter bleibt! Das Wissen um Respekt und Ethik in der Wirtschaft muss immerzu weiterentwickelt, vermittelt, reflektiert und stets aufs Neue aufgefrischt werden, sonst gerät es nur allzu leicht unter die Räder.

Das Thema geht die Auszubildenden ebenso an wie alle Mitarbeiter und Manager in den Führungsetagen. Wenn Sie daher sicherstellen wollen, dass Ihre Mitarbeiterinnen und Mitarbeiter hervorragend motiviert sind und dass Ihre Führungskräfte optimale Arbeit leisten, dann lassen Sie in Ihrem Betrieb regelmäßig Seminare, Workshops und Veranstaltungen zum Thema durchführen! Damit niemand überhaupt auf den Gedanken kommen kann, ohne Respekt ginge es schließlich auch ...

- Führungsinstrumente
  Gestalten Sie Mitarbeitergespräche, Konfliktgespräche und Mitarbeiterbeurteilungen so, dass Respekt inhaltlich thematisiert wird. Und trainieren Sie Ihre Führungskräfte darin, dass Respekt in der Art und Weise, wie diese Instrumente angewandt werden, auch spürbar wird.

Aber wie lässt sich die Qualität des in Ihrem Unternehmen gelebten Respekts überhaupt objektiv einschätzen?

Ist Respekt messbar?

Wenn Sie eine Kultur des Respekts in Ihrem Unternehmen fördern wollen, möchten Sie die Fortschritte natürlich auch feststellen können.

Geht das überhaupt? Muss es nicht ausreichen, wenn der Respekt voreinander allgemein im Bewusstsein ist? Lässt Respekt sich messen – und wie? Vielleicht anhand der Trainingseinheiten und Workshops, die stattgefunden haben? Am Umfang der diesbezüglichen Aktivitäten in Ihrem Unternehmen? An der Anzahl der einschlägigen Pressemitteilungen, die Sie verschickt haben? Wohl kaum.

Machen Sie deutlich, was Sie erwarten. Es reicht nicht aus, lediglich zu formulieren: »Sauber bleiben – keine Korruption!« Viel zu vage! Klar muss sein: Nein, es ist *nicht* korrekt, sich von wichtigen Kunden Fußballkarten schenken oder sich ins Theater einladen zu lassen. Und es muss klar sein, was der einzelne Mitarbeiter konkret tun soll, wenn der Lieferant X dergleichen anbietet. Was gehört sich, was gehört sich nicht? Wie verhalte ich mich im konkreten Einzelfall? Ist es erlaubt, während der Arbeitszeit private E-Mails zu lesen oder nicht? Und so fort. Verpflichten Sie all Ihre Führungskräfte auf das Leitbild »Respekt«!

Wenn Sie ohnehin Befragungen unter Mitarbeitern und Kunden durchführen, dann bauen Sie doch in Zukunft Fragen zum Thema Respekt mit ein.

Oder Sie verpflichten Mitarbeiter und Führungskräfte dazu, direkt und selbst nachzufragen, zum Beispiel im Anschluss an ein Gespräch oder eine Beratung oder eine Dienstleistung oder im Verkauf. Wenn dieses Feedback überdies in Stichworten festgehalten wird, kann es bewertet und genutzt werden. Durch direktes Nachfragen lassen sich gleich mehrere Fliegen mit einer Klappe schlagen: Die Mitarbeiter signalisieren unmittelbar Respekt vor den Bedürfnissen der anderen; sie erhalten das Feedback schneller und aus erster Hand und sie üben sich in Beziehungspflege.

Respekt erkennen Sie auch ganz schnell daran, wie Unternehmen mit Mitarbeiterinnen und Mitarbeitern umgehen, die es schwerer haben als andere. Zum Beispiel mit Ungelernten, Älteren oder mit Menschen, bei denen eine besondere Herausforderung in der Integration von Beruf und Familie besteht oder die teilzeitbeschäftigt sein möchten. Oft braucht es dabei Lösungen, die auf den jeweiligen Einzelfall zugeschnitten sind. Und die Gewissheit, dass diese Lösungen von der Unternehmensspitze mitgetragen werden. Stehen diese Mitarbeiter bei den betreffenden Firmen wirklich im »Mittelpunkt«? Wenn ja – dann »Respekt«!

Wenn Führungskräfte beurteilt werden

Sorgen Sie dafür, dass bei der Leistungsbeurteilung von Führungskräften immer auch das Thema »Respekt« eine Rolle spielt. Wenn Mitarbeiterinnen und Mitarbeiter ihre Vorgesetzten beurteilen sollen (etwa im Rahmen eines 180-Grad-Feedbacks), dann achten Sie darauf, dass diese Beurteilung auch den »Respekt« mit einbezieht – wie überhaupt alle Wertaspekte, die sich aus dem Leitbild des Unternehmens ableiten. Sie können jedoch auch mit einem 360-Grad-Feedback (hier wird die Führungskraft aus verschiedenen Perspektiven: den Mitarbeitern, dem direkten Vorgesetzten, internen Schnittstellen und externen Kunden, beurteilt) den Stellenwert von Respekt platzieren.

> **Schlüsselfragen für die Leistungsbeurteilung**
>
> ⇨ Gelingt es der Führungskraft, Respekt und Führung miteinander zu verbinden?
> ⇨ Denkt sie daran, auf das Thema Respekt zu verweisen, während sie die Vision des Unternehmens zur Sprache bringt?
> ⇨ Wie trifft die Führungskraft Entscheidungen? Bezieht sie das Thema Respekt mit ein?
> ⇨ Wie geht sie mit den Unterschiedlichkeiten der Menschen um?
> ⇨ Kennt und berücksichtigt die Führungskraft auch das wirtschaftliche Motiv für den effektiven Umgang mit Respekt?

Machen Sie sich Gedanken darüber, wie sich respektvolles Verhalten belohnen lässt: Wenn sich etwa Kunden positiv äußern über einen Mitarbeiter, der besonders hilfsbereit war, der geduldig individuelle Wünsche erfüllt hat etc. – kann dieses freundliche Feedback nicht in ein Punktesystem einfließen, das Auswirkung auf eine mögliche Beförderung hat?

Und auch umgekehrt: Was ist, wenn sich Kunden *beschweren*? Wenn Sie als Führungskraft von Kunden immer wieder hören: »Ihr Mitarbeiter XY hat angerufen und sich am Telefon unmöglich verhalten/war äußerst unhöflich/hat es fehlen lassen an jeder Form von Respekt« – das könnte sich gleichfalls in einem Punktesystem niederschlagen.

Machen Sie es allen deutlich: Respektlosigkeiten werden konsequent geahndet – Grenzüberschreitungen sind riskant. Legen Sie offen, was respektloses Verhalten für den Ruf und die Geschäftsbeziehungen Ihres Unternehmens bedeutet. Und, wenn es denn sein muss, auch für die Karriere des betreffenden Mitarbeiters ...

Respektaktivitäten

Es gibt viele Möglichkeiten, respektvolles Verhalten im Unternehmen zu fördern. Hier einige Anregungen – natürlich ohne jeden Anspruch auf Vollständigkeit!

- Schreiben Sie einmal im Monat einen Rundbrief und erwähnen Sie darin, was alles gut gelaufen ist im Unternehmen – besonders im Hinblick auf Respekt.
- Veröffentlichen Sie im Jahresabschluss Ihres Unternehmens regelmäßig eine Wertebilanz – und räumen Sie dabei auch dem Respekt seinen angemessenen Platz ein.
- Geben Sie der Marketingabteilung Ihres Unternehmens die Aufgabe, eine Anzeigenkampagne zu entwickeln zum Thema »Respekt«. Jeder Mitarbeiter, jeder Gast, jeder Kunde, der kommt und die Bilder sieht, merkt sogleich: »Aha, hier wird das Thema ›Respekt‹ hochgehalten!« Aber Achtung: Beim Marketing allein darf es nicht bleiben, Respekt muss *gelebt* werden!
- »Respektgeschichten« – so könnte eine neue Rubrik in der Mitarbeiterzeitung heißen! Darin können alle nachlesen, welche Erfahrungen Mitarbeiterinnen und Mitarbeiter mit dem Thema »Respekt« gemacht haben. Wie der gegenseitige Respekt das Betriebsklima positiv beeinflusst. Wie er Karrieren beflügelt und wie er sich beim geschäftlichen Erfolg des Unternehmens auswirkt – in allen Einzelheiten.
- Gründen Sie eine Werteinitiative! Stellen Sie eine Gruppe von Führungskräften, Mitarbeitern und Mitarbeiterinnen

zusammen – eine »Respektgruppe«! Lassen Sie dabei Kooperationen zu, auch über Abteilungsgrenzen hinweg. Die Respektgruppe soll die Rolle des Respekts in Ihrem Unternehmen in den Blick nehmen, Fragen klären, die in dieser Hinsicht einer besonderen Behandlung bedürfen. Stellen Sie am Anfang in aller Deutlichkeit und Klarheit fest, dass die geplante Werteinitiative zu keinem theoretischen Gerüst verkümmern darf. Richtig und gut sind vor allem jene Ideen und Initiativen, die realisiert, gelebt und weiterentwickelt werden können. Nicht Masse, sondern praxisorientierte Klasse ist gefragt.

- Führungskräfte könnten Respekt *unterrichten,* zum Beispiel bei den Auszubildenden. Oft lernt der Unterrichtende mehr als die Schüler.
- Führungstraining einmal anders: In sozialen Organisationen – zum Beispiel in einer Wohngruppe mit schwer erziehbaren Jugendlichen oder in einem Zentrum für Menschen mit Behinderung oder bei einem Projekt mit Obdachlosen – gibt es ausgesprochen viel zum Thema Respekt zu lernen.

Sie haben es längst gemerkt: Es gibt eine Menge Möglichkeiten, den Respekt im Unternehmen in den Vordergrund zu rücken und dafür zu sorgen, dass er nie mehr in Vergessenheit gerät. Eine verantwortungsvolle Unternehmensführung wird den Gedanken des Respekts auf allen Ebenen fördern.

Nachwort

Respekt im Job ist ohne Anstrengung nicht zu haben – doch der Lohn ist groß. Er zeigt sich in höherer Produktivität, in Wettbewerbsvorteilen und in der besseren Entfaltung von Mitarbeiterinnen und Mitarbeitern.

Respekt ist keine Ware, kein Buch, das wir ins Regal stellen können, und auch kein Feuerlöscher, der in der Ecke steht, sondern eine Qualität, die jeden Tag auf das Neue gelebt werden will.

Viele Instrumente und Ideen sind dabei hilfreich. Entscheidend jedoch ist die Haltung eines jeden Einzelnen und die Erkenntnis, dass es effektiver und nützlicher für alle ist, wenn wir beginnen, uns als Menschen wahrzunehmen, und neugierig auf die Talente, Ideen und Erfahrungen anderer sind.

Sie können jetzt das Buch zur Seite legen und sofort damit beginnen. Wo immer Sie jetzt gerade sind, zu Hause oder im Büro. Schauen Sie sich um, wechseln Sie die Perspektive und gehen Sie auf Entdeckungsreise.

Was läuft gerade gut in Ihrem Umfeld? Wie respektvoll

gehen Sie miteinander um? Wo stoßen Sie immer wieder an Grenzen?

Sie können sich vornehmen, Konfliktsituationen ab sofort anders anzugehen als bisher; Sie können beschließen, sich eher an Stärken als an Schwächen zu orientieren, oder den Wunsch nach mehr Respekt im Team äußern. Sie haben die Freiheit, öffentlich Ihre eigene Überzeugung zu äußern und immer wieder anerkennende Formulierungen einfließen zu lassen etc.

Jedem Menschen steht es frei, eine Kultur des wechselseitigen Respekts im eigenen Umfeld zu fördern. Spüren Sie die Herausforderung, die darin liegt? Dann sind Sie auf einem guten Weg. Und werden bald auch merken, welche Freude es bereitet, eine Kultur gegenseitigen Respekts nach und nach im eigenen Unternehmen zu etablieren.

Jeder einzelne Mitarbeiter und jede einzelne Mitarbeiterin, der/die sich aktiv um Respekt bemüht, bringt Nutzen für alle. Wer den Wandel zu einem respektorientierten Unternehmen möchte, wird daher nicht zögern, im eigenen Wirkungsbereich damit zu beginnen.

Danksagung

Mein Dank gilt den unzähligen Menschen, die ich bislang in meiner Arbeit kennenlernen und begleiten durfte. Meinen Kundinnen und Kunden, den Auftraggebern, Organisationen und Kommunen sowie meinen Mitarbeiterinnen und Mitarbeitern, Kolleginnen und Kollegen.

Besonderen Dank für die Begleitung und Unterstützung während des Schreibens an Sabine Asgodom, Dr. Petra Bock, Christian Dombrowski, Verena Gibson, Dr. Andrea Kraft, Simon Liedtke, Yasmine Matheis, Dr. Marianne Müller, Bernhard Lutz, Mario Nantscheff, Dagmar Olzog, Ina Rosenthahl, Michael Stoz, Dr. Irma Schmidt und Theresia Volk.

Wenn Sie selber gute Gedanken und weiterführende Überlegungen zum Thema »Respekt« haben oder Sie vielleicht Geschichten erlebt haben, bei denen das Thema »Respekt« eine Rolle spielt, dann freue ich mich sehr, wenn Sie mir schreiben.

Büro für Training Coaching Supervision

Andrea Lienhart
Richard Künzer Str. 3a
79102 Freiburg
info@andrea-lienhart.de
Telefon: (0 7 61) 70 91 67
Fax: (0 7 61) 70 74 381
www.respekt-im-job.de
www.andrea-lienhart.de

Anmerkungen

1 vgl. Niels van Quaquebeke, Sebastian Zenker & Tilman Eckloff: *Who cares? The importance of interpersonal respect in employees' work values and organizational practices.* In: Hamburger Forschungsbericht zur Sozialpsychologie Nr. 71. Hamburg: Universität Hamburg, Arbeitsbereich Sozialpsychologie, 2006
2 vgl. Joachim Bauer: *Prinzip Menschlichkeit. Warum wir von Natur aus kooperieren*, München 2008
3 Bernhard Bauhofer: *Respekt. Wie man kriegt, was für kein Geld der Welt zu haben ist*, Zürich 2008, S. 111
4 Deep White GmbH/Institute for Media and Communication Management St. Gallen Grundlagenstudie Wertekultur und Unternehmenserfolg, Bonn 2004
5 Christian Dombrowski: *Der Unerschöpfliche. Ein Besuch bei Anselm Grün*, in: Buchjournal Winter 2007, Frankfurt/M., Seite 37 ff.
6 Andrea Lienhart: *Ein Fall von Selbstcoaching*, in: Sabine Asgodom (Hrsg.): Die Frau, die ihr Gehalt mal eben verdoppelt hat, München 2009, S. 138–148
7 Sie geht auf den persischen Dichter und Mystiker Djalal od-Din Rumi zurück, der vor 800 Jahren gelebt hat.

8 Niels van Quaquebeke, Sebastian Zenker & Tilman Eckloff: *Who cares? The importance of interpersonal respect in employees' work values and organizational practices.* a.a.O.
9 Bernhard Bauhofer: *Respekt. Wie man kriegt, was für kein Geld der Welt zu haben ist,* Zürich 2008, S. 111
10 Studie der Akademie für Führungskräfte der Wirtschaft: *Führen in der Krise – Führung in der Krise? Führungsalltag in Krisenzeiten.* Eine Befragung von 267 Führungskräften, Überlingen 2003, Seite 23
11 Mathias Bucksteeg und Kai Hattendorf: Führungskräftebefragung 2009, eine Studie der Wertekommission – Initiative wertebewusste Führung in Zusammenarbeit mit dem Deutschen Managerverband, Bonn 2009
12 Klaus Aden: Geld verdirbt den Charakter – oder? Deutsche Manager quält ihr schlechtes Gewissen, 12. LAB Managerpanel, in Zusammenarbeit mit der Wirtschaftswoche, veröffentlicht am 1.12.2007, Düsseldorf
13 Deep White GmbH/Institute for Media and Communication Management St. Gallen: Grundlagenstudie Wertekultur und Unternehmenserfolg, Bonn 2004
14 Andrea Bittelmeyer: *Gekonnt das Gute erkennen*, in: managerSeminare Nr. 114 vom 24.8.2007, Bonn, S. 53-57
15 Fredmund Malik: *Führen, Leisten, Leben. Wirksames Management für eine neue Zeit.* Frankfurt/M. 2006, S. 149f.
16 Andrea Bittelmeyer: *Vom Wert der Wertschätzung. Anerkennung im Managerleben*, in: managerSeminare Nr. 138 vom 24.8.2009, S. 20-26
17 Entwickelt von Bernhard Lutz in Anlehnung an ein Trainingstool des Managementzentrums St. Gallen (MZSG)

Literatur und Webadressen

Aden, Klaus: *Geld verdirbt den Charakter – oder? Deutsche Manager quält ihr schlechtes Gewissen*, 12. LAB Managerpanel in Zusammenarbeit mit der Wirtschaftswoche, veröffentlicht am 1.12.2007, Düsseldorf

Akademie für Führungskräfte der Wirtschaft: *Führen in der Krise – Führung in der Krise? Führungsalltag in Krisenzeiten. Eine Befragung von 267 Führungskräften*, Überlingen 2003

Bauer, Joachim: *Prinzip Menschlichkeit. Warum wir von Natur aus kooperieren*, München 2008

Bauhofer, Bernhard: *Respekt. Wie man kriegt, was für kein Geld der Welt zu haben ist*, Zürich 2008

Bittelmeyer, Andrea: *Gekonnt das Gute erkennen*, in: managerSeminare Nr. 114 vom 24.8.2007, Bonn, S. 53–57

Bittelmeyer, Andrea: *Vom Wert der Wertschätzung. Anerkennung im Managerleben*, in: managerSeminare Nr. 138 vom 24.8.2009, S. 20–26

Bucksteeg, Mathias und Hattendorf, Kai: *Führungskräftebefragung 2009, eine Studie der Wertekommission – Initiative wertebewusste Führung*, in Zusammenarbeit mit dem Deutschen Managerverband, Bonn 2009

Covey, Stephen M.R.: *Schnelligkeit durch Vertrauen. Die unterschätzte ökonomische Kraft*, Offenbach 2009

Deep White GmbH/Institute for Media and Communication Management St. Gallen: Grundlagenstudie *Wertekultur und Unternehmenserfolg*, Bonn 2004

Dombrowski, Christian: *Der Unerschöpfliche. Ein Besuch bei Anselm Grün*, in: Buchjournal Winter 2007, Frankfurt/M., Seite 37 ff.

Fisher, Roger, Ury, William, Patton, Bruce: *Getting to Yes. Negotiating Agreement Without Giving In.* Auf Deutsch: *Das Harvard-Konzept. Der Klassiker der Verhandlungstechnik*, Frankfurt/M. 2009

Hansen, Hartwig: *Respekt. Der Schlüssel zur Partnerschaft*, Stuttgart 2009

Kössner, Christa: *Schlüssel zum Glücklich-Sein: Das Spiegelgesetz*, Steyr 2009

Kössner, Christa: *Die Spiegelgesetz-Methode. Praktischer Wegweiser in die Freiheit*, Steyr 2008

Lienhart, Andrea: *Ein Fall von Selbstcoaching,* in: Sabine Asgodom (Hrsg.): Die Frau, die ihr Gehalt mal eben verdoppelt hat, München 2009, S. 138–148

Luhmann, Niklas: *Vertrauen. Ein Mechanismus der Reduktion sozialer Komplexität*, Stuttgart 2000

Lutz, Bernhard: *Das etwas andere Mitarbeitergespräch*, PDF Datei unter www.lutzberatung.de

Malik, Fredmund: *Führen, Leisten, Leben. Wirksames Management für eine neue Zeit*, Frankfurt/M. 2006

Mettler von Meibom, Barbara: *Gelebte Wertschätzung. Eine Haltung wird lebendig*, München 2007

Mettler von Meibom, Barbara: *Wertschätzung. Wege zum Frieden mit der inneren und äußeren Natur*, München 2006

van Quaquebeke, Niels, Zenker, Sebastian, Eckloff, Tilman:

Who cares? The importance of interpersonal respect in employees' work values and organizational practices. In: Hamburger Forschungsbericht zur Sozialpsychologie Nr. 71. Hamburg: Universität Hamburg, Arbeitsbereich Sozialpsychologie, 2006

Rosenberg, Marshall B.: *Gewaltfreie Kommunikation: Eine Sprache des Lebens*, Paderborn 2007

Schulz von Thun, Friedemann: *Miteinander reden, Band 3: Das »innere Team« und situationsgerechte Kommunikation*, Reinbek 2010

Sennett, Richard: *Respekt im Zeitalter der Ungleichheit*, Berlin 2004

Strobl, Ingrid: *Respekt. Neue Ansichten zu einer alten Tugend.* SWR 2 Leben, Ausstrahlung am 5. Juni 2008

Strobl, Ingrid: *Respekt, der von Herzen kommt,* in: Psychologie heute 9/2008, S. 20–25

Wilde, Mauritius: *Respekt. Die Kunst der gegenseitigen Wertschätzung*, Münsterschwarzach 2009

Zeuch, Andreas und Hänsel, Markus: *Intuition im Management. Auf die innere Stimme hören*, in: managerSeminare Nr 69 vom 22.8.2003, S. 29–35

www.ethikverband
    Anlaufstelle für Unternehmen
www.greatplacetowork.de
    Deutschlands beste Arbeitgeber
www.heilhaus.org
    Unterstützung von Menschen in allen Lebensphasen
www.ilep.de
    Initiative Ludwig-Erhard-Preis
www.wertekommission
    Initiative für Werte Bewusste Führung

Bücher für den Job

Psychologie & Lebenshilfe

Sabine Asgodom, Petra Bock,
Andrea Lienhart, Ursu Mahler,
Theresia Volk
DIE FRAU, DIE IHR GEHALT MAL EBEN VERDOPPELT HAT …
ISBN 978-3-466-30788-3

Bärbel Wardetzki
KRÄNKUNG AM ARBEITSPLATZ
Strategien gegen Missachtung, Gerede und Mobbing
ISBN 978-3-466-30702-9

Hans-Peter Unger
Carola Kleinschmidt
BEVOR DER JOB KRANK MACHT
ISBN 978-3-466-30733-3

Horst Kraemer
SOFORTHILFE BEI STRESS UND BURN-OUT
ISBN 978-3-466-30883-5

Sachbücher & Ratgeber

www.koesel.de

Fundierte Informationen

Psychologie & Lebenshilfe

Constanze Hintze
VERMÖGENSPLANUNG UND
ALTERSVORSORGE FÜR FRAUEN
Finanz-Knowhow und praktische
Lösungen
ISBN 978-3-466-30888-0

Niklaus Brantschen
VOM VORTEIL, GUT ZU SEIN
Mehr Tugend – weniger Moral
ISBN 978-3-466-36690-3

Barbara Mettler-v.Meibom
WERTSCHÄTZUNG
Wege zum Frieden mit der inneren
und äußeren Natur
ISBN 978-3-466-30710-4

Bernd Sprenger
IM KERN GETROFFEN
Attacken aufs Selbstwertgefühl
und wie wir unsere Balance
wiederfinden
ISBN 978-3-466-30700-5

Sachbücher & Ratgeber

www.koesel.de